Forschungshefte aus dem Gebiete des Stahlbaues

Herausgegeben vom
Deutschen Stahlbau-Verband, Berlin

Heft 2

Die Kipp-Stabilität gerader Träger mit doppelt-symmetrischem I-Querschnitt

Von

Dr. techn. **Ernst Chwalla** VDI
o. Professor an der Technischen Hochschule
in Brünn

Mit 33 Textabbildungen

Berlin
Verlag von Julius Springer
1939

ISBN-13: 978-3-7091-9735-6   e-ISBN-13: 978-3-7091-9982-4
DOI: 10.1007/ 978-3-7091-9982-4

Alle Rechte, insbesondere das der Übersetzung
in fremde Sprachen, vorbehalten.
Copyright 1939 by Julius Springer in Berlin.

Vorwort.

Die vorliegende Abhandlung ist aus einzelnen unveröffentlichten Untersuchungen hervorgegangen, die ich in den letzten Jahren über das Verzweigungsproblem der Trägerkippung durchgeführt habe. Eine zusammenfassende Darstellung dieser Untersuchungen schien mir wünschenswert, zumal sich hierbei die Gelegenheit ergab, durch den Hinweis auf die schon vorhandenen Forschungsarbeiten und die Einfügung der schon bekannten Lösungsergebnisse ein einigermaßen abgerundetes Bild vom Stand der Theorie zu entwerfen. Um die Grundlagen dieser Theorie besser herausarbeiten zu können, hielt ich es für angezeigt, von den Kirchhoff-Clebschschen Gleichgewichtsbedingungen auszugehen; die Zuziehung geometrischer Überlegungen bei der Herleitung der Differentialgleichung und die Anwendung der sog. „Energiemethode" ist im Schrifttum schon mehrfach behandelt worden und konnte daher im Rahmen dieser Darstellung unberücksichtigt bleiben.

Bei der Durchrechnung der Zahlenbeispiele und der Niederschrift des Manuskripts bin ich von meinem Assistenten, Herrn Dipl.-Ing. F. Jokisch, in liebenswürdiger Weise unterstützt worden, wofür ich ihm auch an dieser Stelle Dank sagen will.

Mein besonderer Dank gilt dem Deutschen Stahlbau-Verband und Herrn Prof. Dr.-Ing. Klöppel für die Aufnahme der Arbeit in die „Forschungshefte" und der Verlagsbuchhandlung Julius Springer für die schöne Ausgestaltung des Heftes.

Brünn, im April 1939.

E. Chwalla.

Inhaltsverzeichnis.

	Seite
A. Die Grundlagen der Theorie	1
§ 1. Einführung	1
§ 2. Die elastostatischen Grundbeziehungen	4
§ 3. Die Differentialgleichung des Kipp-Problems	7
§ 4. Über das Auskippen im unelastischen Formänderungsbereich	10
B. Der Einfluß der „endlich großen Hauptkrümmung"	12
§ 1. Ein einfacher Sonderfall der exakten Kipptheorie	12
§ 2. Die Auswertung der Kippbedingung	14
C. Das Auskippen eines auf Druck und reine Biegung beanspruchten I-Trägers mit elastisch eingespannten Enden	17
§ 1. Die Differentialgleichung des Problems	17
§ 2. Die Randbedingungen	18
§ 3. Die Kippbedingung	22
§ 4. Der Träger ist mit Bezug auf die waagerechten Ausbiegungen beiderseits gelenkig gelagert	24
§ 5. Der Träger ist in waagerechter Richtung beiderseits starr eingespannt	25
§ 6. Der Träger ist in waagerechter Richtung am linken Ende starr eingespannt und am rechten Ende gelenkig gelagert	26
§ 7. Der Träger ist in waagerechter Richtung am linken Ende gelenkig gelagert und am rechten Ende elastisch eingespannt	26
§ 8. Der Träger ist in waagerechter Richtung am linken Ende starr und am rechten Ende elastisch eingespannt	26
§ 9. Der Träger ist mit Bezug auf die waagerechten Ausbiegungen an beiden Enden elastisch eingespannt	27
§ 10. Der Träger wird in waagerechter Richtung durch einen axial belasteten Nachbarträger elastisch eingespannt	28
D. Das Auskippen des durch eine stetig verteilte Querlast, durch Endmomente und durch Endquerkräfte belasteten I-Trägers	31
§ 1. Der allgemeine Fall	31
§ 2. Der Kragträger und der einfache Balkenträger mit „Gabellagerung"	32
§ 3. Zahlenbeispiel: Der durch eine Einzellast belastete Kragträger mit konstantem Querschnitt	34
§ 4. Zahlenbeispiel: Der in Gabeln gelagerte, durch eine Mittenlast belastete Balkenträger mit konstantem Querschnitt	39
§ 5. Zahlenbeispiel: Der in Gabeln gelagerte, gleichmäßig vollbelastete Balkenträger mit konstantem Querschnitt	41
§ 6. Die Lösungen von Timoshenko und Stüssi für die Kippbelastung von I-Trägern mit konstantem Querschnitt	42
§ 7. Über das Auskippen von Trägermasten	46
E. Ein Iterationsverfahren zur angenäherten Lösung der Kipp-Probleme	49
§ 1. Die Grundlagen des Verfahrens	49
§ 2. Die Integration der auftretenden Differentialgleichungen	51
§ 3. Zahlenbeispiel	54
F. Der Sonderfall $B_{Fl}=0$ („flanschloser" Träger)	57
§ 1. Die Differentialgleichung des Problems	57
§ 2. Der „flanschlose" Kragträger	58
§ 3. Der „flanschlose" Balken mit Gabellagerung	61

A. Die Grundlagen der Theorie.

§ 1. Einführung.

Wir beziehen uns bei unseren Untersuchungen auf einen gewalzten, genieteten oder geschweißten I-Träger mit gerader, waagerecht liegender Achse (Abb. 1a) und denken uns diesen Träger — der aus einem Hookeschen Idealwerkstoff bestehen möge — nach Abb. 1b und 1c in den lotrechten „Steg" und die beiden „Flanschen oder Gurte" zerlegt. Die Dicke und die Breite der beiden Flanschen, die Dicke des Steges und die Höhe des Trägers mögen — wie wir allgemein annehmen wollen — längs der Trägerachse geringfügige, stetige Änderungen erfahren, doch sei einschränkend vorausgesetzt, daß der Träger nicht nur eine lotrechte, **sondern auch eine waagerechte Symmetrieebene besitzt, daß also sein Querschnitt ein „doppeltsymmetrischer" I-Querschnitt ist**[1]. Die beiden Flanschachsen verlaufen daher entweder nach waagerechten Geraden oder nach lotrechten, schwach gekrümmten Kurven, deren gegenseitige Entfernung h (vgl. Abb. 1b und 1c) an jeder Querschnittsstelle von der geraden, waagerecht liegenden Trägerachse halbiert wird.

Von den beiden Hauptachsen des Trägerquerschnittes, die mit den Symmetrieachsen zusammenfallen, sei die in der Stegebene gelegene die „Minimumachse" und die andere die „Maximumachse" (Abb. 1b); das auf die Minimumachse bezogene Hauptträgheitsmoment J_{min} ist bei Trägern, deren Kippstabilität einer theoretischen Überprüfung bedarf, erheblich kleiner als das auf die Maximumachse bezogene Hauptträgheitsmoment J_{max}. Außer J_{min} und J_{max} benötigen wir im weiteren auch noch den Drillungswiderstand J_D des Trägerquerschnittes[2] und das auf die Minimumachse bezogene Trägheitsmoment J_{Fl} des vom Steg losgelöst gedachten Flanschenpaares. Wie die Abb. 1b und 1c erkennen läßt, ist J_{Fl} nur wenig von J_{min} unterschieden; J_{Fl} darf daher bei baupraktischen Näherungsuntersuchungen durch J_{min} ersetzt werden. In Verbindung mit dem Elastizitätsmodul E und dem Gleitmodul G — für Baustahl gilt bekanntlich $E = 2100$ t/cm² und $G = 810$ t/cm² — dienen die Größen J_{min}, J_{max}, J_{Fl} und J_D zur Festlegung

---

[1] Für I-Träger, deren Flanschen verschieden dick ausgebildet sind und deren Querschnitt daher nur „einfach-symmetrisch" ist, wurden die Differentialgleichungen des Kipp-Problems von F. und H. Bleich (Vorbericht zum 2. Internat. Kongr. f. Brücken- u. Hochbau in Berlin 1936, S. 906) abgeleitet. Diese Gleichungen beziehen sich auf den Fall gleichzeitiger Biege- und Druckbeanspruchung des Trägers, sind jedoch — wie schon von R. Kappus [Luftf.-Forschg. Bd. 14 (1937) S. 444] dargelegt worden ist — nicht vollständig, da im Ausdruck für die äußere Arbeit und damit auch in der zweiten der angegebenen Differentialgleichungen ein von der Druckkraft, dem Drillwinkel und dem polaren Trägheitsmoment des Trägerquerschnittes abhängiger Term fehlt.

[2] Vgl. A. u. L. Föppl: Drang und Zwang, 2. Aufl., 2. Bd., § 70, München u. Berlin 1928; Müllenhoff: Eisenbau Bd. 13 (1922) S. 269; C. Weber: VDI-Forsch.-Heft Nr. 249, Berlin 1921; C. Schmieden: Z. angew. Math. Mech. Bd. 10 (1930) S. 251; F. Bleich: Stahlhochbauten, Bd. 1, S. 104, Berlin 1932; Th. Pöschl: Elementare Festigkeitslehre, S. 136, Berlin 1936; Stahlbau-Kalender 1939, S. 66.

der auf die Maximumachse bezogenen Biegesteifigkeit $B_1 = E \cdot J_{max}$,
der auf die Minimumachse bezogenen Biegesteifigkeit $B = E \cdot J_{min}$,
der auf die Minimumachse bezogenen „Biegesteifigkeit des Flanschenpaares" $B_{Fl} = E \cdot J_{Fl} \approx B$ und
der Drillungssteifigkeit $C = G \cdot J_D$.

Für den in Abb. 1b gezeichneten Querschnitt würden wir beispielsweise

$$B_1 = \frac{E}{12}[b(h+d)^3 - (b-t)(h-d)^3], \quad B = \frac{E}{12}[2db^3 + (h-d)t^3],$$
$$B_{Fl} = \frac{E}{12} \cdot 2db^3 \quad \text{und} \quad C = \zeta \cdot \frac{G}{3}[2bd^3 + (h-d)t^3]$$

erhalten, wobei wir für den Korrekturbeiwert ζ bei geschweißten Trägern etwa $\zeta = 1,15$ und bei gewalzten Trägern etwa $\zeta = 1,25$ setzen können. Ist der Trägerquerschnitt stetig veränderlich, dann sind B_1, B, B_{Fl} und C stetige Funktionen des Querschnittsortes x.

Die Orte $x = 0$ und $x = l$ mögen — und zwar auch dann, wenn es sich nicht um Lagerorte, sondern bloß um Integrationsgrenzen handelt — als die „Enden" des Trägers bezeichnet

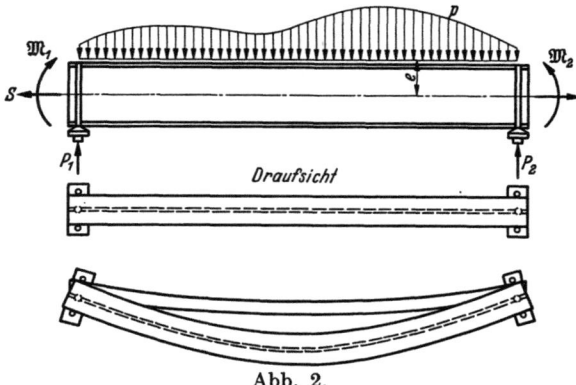

Abb. 2.

werden. Innerhalb der Länge l sei der Träger durch eine lotrechte, stetig verteilte Querbelastung p belastet, deren Angriffspunkte in der Entfernung e oberhalb der Trägerachse gelegen sind, wobei e eine Konstante oder aber eine stetige Funktion des Ortes x ist. Außerdem mögen an den Enden des Trägers die lotrechten Momente $\mathfrak{M}_1$, $\mathfrak{M}_2$, die lotrechten Querkräfte P_1, P_2 und die mittig angreifende, als Zugkraft positiv gezählte Axialkraft S wirksam sein (Abb. 2). Von den Vektoren $p \cdot dx$, $\mathfrak{M}$, P und S setzen wir — was für das Ergebnis unserer Stabilitätsuntersuchung von grundlegender

Bedeutung[1] ist — voraus, daß sie ihre Richtungen auch während des Auskippens des Trägers unverändert beibehalten und daher bloß Parallelverschiebungen, aber keine Verdrehungen erfahren können.

Weisen wir dieser Belastung einen verhältnismäßig kleinen, unterhalb einer bestimmten Grenze bleibenden Intensitätswert zu, dann kommt an den Querschnittsorten x nur eine Normalkraft N_1, ein um die Maximumachse (vgl. Abb. 1b) drehendes Biegemoment M_1 und eine auf dieser Maximumachse senkrecht stehende Querkraft Q_1 zur Geltung. Die Achse des Trägers geht hierbei in eine lotrechte, in der Symmetrieebene gelegene Kurve über, die die örtliche Krümmung $\varkappa_1$ aufweist und „Biegelinie" oder „Gleichgewichtsfigur" genannt wird; diese Gleichgewichtsfigur wird vom belasteten Träger gegen jeden Störungsversuch mit Erfolg verteidigt und darf daher als „stabil" (bei Trägern aus zähplastischen Werkstoffen als „beschränkt stabil") bezeichnet werden. Die Krümmung $\varkappa_1$, die durch die bekannte Beziehung

(A 1) $$\varkappa_1 = \frac{M_1}{B_1}$$

festgelegt wird und ebenso wie M_1, N_1 und Q_1 von endlicher Größe ist, sei im weiteren die „Hauptkrümmung" genannt. Die positiven Richtungen von M_1, N_1, Q_1 und $\varkappa_1$ sind aus den Abb. 3 und 4 zu entnehmen.

Wächst die Belastung des Trägers langsam an, dann läßt sich theoretisch — insbesondere dann, wenn B, B_{Fl} und C sehr klein im Vergleich zu B_1 sind — eine bestimmte Laststufe

---

[1] Vgl. dazu den Einfluß, den das Verhalten der äußeren Belastung auf das Ergebnis der Stabilitätsuntersuchung von Bogenträgern, und zwar sowohl bei der räumlichen (E. Chwalla: Bericht II. Internat. Tagg. für Brücken- und Hochbau in Wien 1928, S. 530) als auch bei der ebenen [E. Chwalla u. C. F. Kollbrunner: Stahlbau Bd. 11 (1938) S. 73] Knickung nimmt.

feststellen, unter der das Gleichgewicht, das zwischen den inneren und äußeren Kräften des belasteten Trägers besteht, eine sog. „Verzweigung" erfährt. Der ebene Verformungszustand verliert hier die Eigenschaft, der einzige Verformungszustand zu sein, der alle Gleichgewichts- und Lagerungsbedingungen des Trägers mit theoretischer Schärfe erfüllt; er verliert damit auch die bisher innegehabte Stabilität und gelangt bei weiteren Laststeigerungen nicht mehr zur Ausbildung. An seine Stelle tritt ein anderer Verformungszustand, der ebenfalls allen Gleichgewichts- und Lagerungsbedingungen genügt, bei dem aber der Träger ein wenig „ausgekippt" ist und sowohl eine Verdrillung als auch eine räumliche Verbiegung erfährt (Abb. 2).

Wir wollen uns im weiteren ausschließlich mit der Verzweigungsstelle befassen und die ihr zugeordnete Belastung als „Verzweigungslast" oder — um sie von den anderen Verzweigungslasten, wie den idealen Knick- oder den idealen Beullasten, zu unterscheiden — speziell auch als „ideale Kipplast" bezeichnen; „ideal" deshalb, weil die Ausbildung der Verzweigungsstellen an die Erfüllung gewisser idealisierender Voraussetzungen — die Voraussetzung eines ideal ebenen Steges, eines ideal symmetrischen Trägerquerschnittes, einer ideal ebenen Belastung und eines ideal homogenen Werkstoffes — gebunden ist. Die räumliche Gleichgewichtsfigur ist in diesem Grenzzustand von der ebenen um Beträge unterschieden, die wir im Sinne der Variationsrechnung als „unendlich klein" ansehen dürfen; das Auskippen setzt hier erst ein und ist mit dem freien Auge noch gar nicht wahrnehmbar, doch ist die räumliche Verformung theoretisch schon vorhanden, die Verdrillung und die räumliche Verbiegung also schon von Null verschieden. Dieser Grenzzustand ist somit dadurch gekennzeichnet, daß unter derselben Laststufe zwei verschiedene, unmittelbar benachbart liegende Gleichgewichtsfiguren — die ebene und die infinitesimal ausgekippte — widerspruchsfrei möglich werden, und wir haben daher, wenn wir die Verzweigungsstelle des Gleichgewichtes bestimmen wollen, mit den Mitteln der Theorie bloß festzustellen, unter welcher Laststufe dieser Sonderfall eintritt.

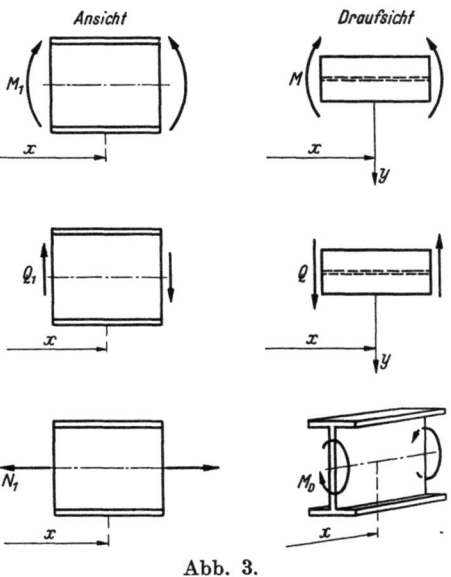

Abb. 3.

Da wir es nur mit einer ebenen und einer infinitesimal ausgekippten Gleichgewichtsfigur zu tun haben, führt die Lösung der Aufgabe auf lineare Differentialbeziehungen; man pflegt daher dieses Problem (das sich bloß die Bestimmung der Verzweigungsstelle als solche zum Ziel setzt und um das Tragverhalten bei Lasten, die den Kipplastwert überschreiten, nicht weiter kümmert) als „linearisiertes" Verzweigungsproblem zu bezeichnen. Vom mathematischen Standpunkt liegt ein Eigenwertproblem vor, dessen Lösung zu bestimmten „Eigenwerten" und „Eigenfunktionen" führt; die ersteren dienen zur Ermittlung der Kipplasten und die letzteren zur Festlegung der den Kipplasten zugeordneten, infinitesimal ausgekippten Gleichgewichtsfiguren. Diese Eigenfunktionen enthalten einen gemeinsamen, der Größe nach unbestimmten (an der Verzweigungsstelle unendlich klein zu denkenden) Faktor und sind daher bloß dem Verlaufe nach festlegbar; ihre graphische Darstellung liefert maßstäblich verzerrte (affine) Bilder, die wir als „Kippfiguren" bezeichnen wollen. Es existiert nicht nur ein einziger, sondern eine ganze Reihe — im allgemeinen unendlich viele — solcher Eigenwerte und damit auch eine ganze Reihe von Verzweigungsstellen und Kipplastwerten; von diesen Eigenwerten ist aber nur der kleinste (reelle und positive) von baupraktischer Bedeutung, da der der Bemessung des Trägers zugrunde liegende ebene Gleichgewichtszustand nur bei Laststufen, die kleiner als die kleinste Kipplast sind, ein stabiler Gleichgewichtszustand ist.

Denken wir uns den mit der Kipplast belasteten Träger vom ebenen in den infinitesimal **ausgekippten Gleichgewichtszustand** übergeführt, dann gesellen sich zu den schon erwähnten drei Schnittgrößen N_1, M_1 und Q_1 (der endlich großen Normalkraft, dem endlich großen, um die Maximumachse des Trägerquerschnittes drehenden Biegemoment und der endlich großen, auf dieser Achse senkrecht stehenden Querkraft) drei weitere, allerdings **nur unendlich kleine Schnittgrößen** — das um die Minimumachse des Trägerquerschnittes (vgl. Abb. 1 b) drehende Biegemoment B, die auf dieser Achse senkrecht stehende Querkraft Q und schließlich das in der Querschnittsebene wirkende Drillmoment M_D. Die Biegemomente M bewirken die örtlichen Krümmungen $\varkappa$ der Trägerachse und die örtliche Ausbiegung y in der Richtung senkrecht zur Minimumachse, während die Drillmomente M_D eine Verdrillung des Trägers um den vom Ort x abhängigen Drillwinkel ϑ zur Folge haben; die positiven Richtungen von M, Q, M_D, $\varkappa$, y und ϑ sind aus den Abb. 3 und 4 zu entnehmen.

Wir haben angenommen, daß der Träger durch die lotrechte, stetig verteilte Querbelastung p, ferner durch die beiden lotrechten Endmomente $\mathfrak{M}_1$, $\mathfrak{M}_2$ und die lotrechten Endquerkräfte P_1, P_2 und schließlich auch durch die an den Trägerenden mittig angreifende Axialkraft S belastet wird, und haben vorausgesetzt, daß die Vektoren $p \cdot dx$, $\mathfrak{M}$, P und S ihre Richtungen während des Auskippens beibehalten. Hinsichtlich der Wirkungsweise dieser Belastung und der damit verbundenen Formulierung des Kipp-Problems müssen wir mehrere Fälle unterscheiden, von denen wir die folgenden herausgreifen wollen:

1. Die Axialkraft S besitzt eine vorgegebene, unveränderliche Größe, während p, P und $\mathfrak{M}$ durch einen gemeinsamen, langsam von Null anwachsenden Multiplikator μ verknüpft sind. Gefragt ist nach jenem kleinsten Sonderwert μ_k, unter dem die Verzweigungsstelle des Gleichgewichtes erreicht wird und der Träger seitlich auszukippen beginnt. Die durch μ_k bestimmte Belastung p_k, P_k, $\mathfrak{M}_k$ ist in Gemeinschaft mit der vorgegebenen Axialkraft S als „kleinste ideale Kippbelastung" des untersuchten Trägers zu bezeichnen.

2. Die Größen p, P und $\mathfrak{M}$ sind unveränderlich vorgegeben; die axiale Druckkraft $D = -S$ wächst langsam von Null an. Gefragt ist nach jenem kleinsten Sonderwert D_k dieser Druckkraft, unter dem die Verzweigungsstelle des Gleichgewichtes erreicht wird und der Träger seitlich auszukippen beginnt. D_k stellt zusammen mit der vorgegebenen Belastung p, P, $\mathfrak{M}$ die „kleinste ideale Kippbelastung" des untersuchten Trägers vor.

3. Die Größen p, P, $\mathfrak{M}$ und S sind durch einen gemeinsamen, langsam von Null anwachsenden Multiplikator μ verknüpft. Gefragt ist nach jenem kleinsten Sonderwert μ_k, unter dem eine Verzweigungsstelle des Gleichgewichtes erreicht wird und der Träger seitlich auszukippen beginnt. Die durch μ_k festgelegte Belastung p_k, P_k, $\mathfrak{M}_k$ und S_k bildet die „kleinste ideale Kippbelastung" des untersuchten Trägers.

4. Die Größen p, P, $\mathfrak{M}$ und S sind unveränderlich vorgegeben, doch sind die Abmessungen des Trägers nur bis auf eine bestimmte Kennzahl bekannt. Gefragt ist nach dem kritischen, der tiefsten Verzweigungsstelle zugeordneten Sonderwert dieser Kennzahl.

§ 2. Die elastostatischen Grundbeziehungen.

Wir haben als Kriterium der Verzweigungsstelle des Gleichgewichtes die Tatsache angeführt, daß unter derselben Last außer der in der lotrechten Symmetrieebene gelegenen Gleichgewichtsfigur theoretisch noch eine zweite, infinitesimal ausgekippte Gleichgewichtsfigur existiert. Soll eine derartige Figur widerspruchsfrei zur Ausbildung gelangen können, dann müssen vor allem die sechs **Kirchhoff-Clebschschen Gleichgewichtsbedingungen** erfüllt sein, die sich für die einzelnen Elemente des belasteten, unendlich wenig ausgekippten Trägers anschreiben lassen und die mit Bezug auf die Abb. 4 für ein Element der Länge „Eins"

(A 2)
$$\begin{cases} \dfrac{d Q_1}{d x} + Q \cdot \dfrac{d \vartheta}{d x} - N_1 \varkappa_1 + p = 0 \\ \dfrac{d N_1}{d x} + Q_1 \varkappa_1 - Q \varkappa = 0 \\ \dfrac{d M_1}{d x} + M_D \varkappa - M \dfrac{d \vartheta}{d x} - Q_1 = 0, \end{cases}$$

Die elastostatischen Grundbeziehungen.

(A 3)
$$\begin{cases} \dfrac{dQ}{dx} + N_1 \varkappa - Q_1 \dfrac{d\vartheta}{dx} + p\vartheta = 0 \\ \dfrac{dM_D}{dx} + M\varkappa_1 - M_1\varkappa + pe\vartheta = 0 \\ \dfrac{dM}{dx} + M_1 \dfrac{d\vartheta}{dx} - M_D\varkappa_1 + Q = 0 \end{cases}$$

lauten. Die in diesen Gleichungen auftretenden Schnittgrößen N_1, Q_1, M_1 (die Normalkraft, die auf der Maximumachse senkrecht stehende Querkraft und das um diese Achse drehende Biegemoment) sind hierbei ebenso wie die Querbelastungsintensität p und die durch (A 1) festgelegte Hauptkrümmung $\varkappa_1$ von endlicher Größe, während die Schnittgrößen M_D, Q, M (das Drillmoment, die auf der Miniumumachse senkrecht stehende Querkraft und das um diese Achse drehende Biegemoment) ebenso wie die Krümmung $\varkappa$ und der Drillwinkel ϑ erst beim Übergang von der ebenen zur infinitesimal ausgekippten Gleichgewichtslage zur Geltung kommen und daher im Sinne unserer Darlegungen als unendlich klein anzusehen sind; dementsprechend dürfen wir in (A 2) die Produkte $Q\dfrac{d\vartheta}{dx}$, $Q\varkappa$, $M_D\varkappa$ und $M\dfrac{d\vartheta}{dx}$ als klein von höherer Ordnung streichen.

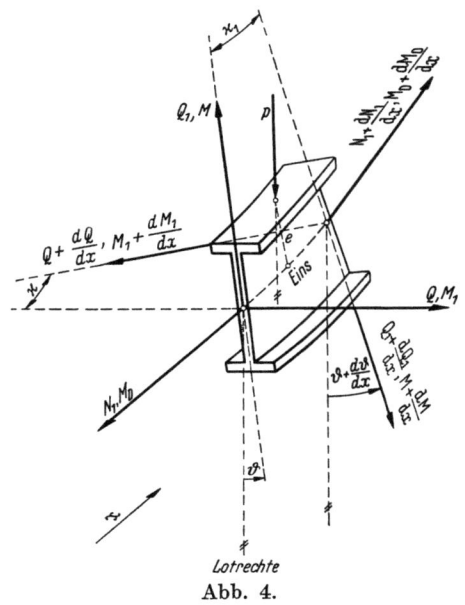

Abb. 4.

Der Entwicklung einer Kipptheorie, die auf diesen strengen Gleichgewichtsbedingungen und den zugehörigen strengen geometrischen Beziehungen aufgebaut ist, stellen sich — wenn wir von dem im Abschnitt B behandelten einfachen Sonderfall absehen — sehr große Schwierigkeiten mathematischer Natur in den Weg, so daß wir gezwungen sind, eine die Theorie wesentlich vereinfachende Näherungsannahme zuzulassen. Diese Annahme betrifft die Größenordnung der Hauptkrümmung $\varkappa_1$ und bringt zum Ausdruck, daß $\varkappa_1$ ebenso als unendlich klein angesehen werden darf wie $\varkappa$, ϑ, M, Q und M_D. Wir vernachlässigen also, wie wir sagen wollen, den Einfluß der „endlich großen Hauptkrümmung" und gelangen auf diese Weise zu Kipplastwerten, die bloß „untere Grenzwerte" darstellen. Im Rahmen der baupraktischen Anwendungen sind diese unteren Grenzwerte mit Rücksicht auf die Kleinheit von $\varkappa_1$ in der Regel nur wenig von den Ergebnissen der exakten Theorie verschieden; im übrigen läßt sich die Abweichung auch in ungünstigen Fällen bis zur praktischen Bedeutungslosigkeit herabmindern, wenn wir — wie wir im Abschnitt B näher ausführen werden — an Stelle der vorhandenen Biegesteifigkeit B einen ideellen Wert $B_\mathrm{id} > B$ in die Theorie einführen.

Darf nun $\varkappa_1$ als unendlich klein angesehen werden, dann dürfen in (A 2) die Produkte $N_1\varkappa_1$, $Q_1\varkappa_1$ und in (A 3) die Produkte $M\varkappa_1$, $M_D\varkappa_1$ als „klein von höherer Ordnung" gestrichen werden, so daß die sechs Gleichgewichtsbedingungen die Form

(A 4)
$$\begin{cases} \dfrac{dQ_1}{dx} + p = 0, \quad \text{also} \quad p = -\dfrac{dQ_1}{dx}, \\ \dfrac{dN_1}{dx} = 0, \quad \text{also} \quad N_1 = \text{const} = S, \\ \dfrac{dM_1}{dx} - Q_1 = 0, \quad \text{also} \quad Q_1 = +\dfrac{dM_1}{dx}, \end{cases}$$

(A 5)
$$\begin{cases} \dfrac{dQ}{dx} + N_1\varkappa - Q_1 \dfrac{d\vartheta}{dx} + p\vartheta = 0, \\ \dfrac{dM_D}{dx} - M_1\varkappa + pe\vartheta = 0, \\ \dfrac{dM}{dx} + M_1 \dfrac{d\vartheta}{dx} + Q = 0 \end{cases}$$

annehmen. Zwischen dem infinitesimalen, um die Minimumachse (vgl. Abb. 1b) drehenden Biegemoment M und der zugeordneten Achsenkrümmung $\varkappa$ besteht der bekannte Zusammenhang

(A 6) $$M = B \cdot \varkappa,$$

wobei B die schon erwähnte, auf die Minimumachse bezogene Biegesteifigkeit des Trägers vorstellt; hierbei ist $\varkappa$ mit der Ausbiegung y, die die Trägerachse beim Übergang von der ebenen zur unendlich wenig ausgekippten Gleichgewichtsfigur in der Richtung senkrecht zur Querschnitts-Minimumachse erfährt, durch eine geometrische Beziehung verknüpft, die mit Rücksicht darauf, daß die Hauptkrümmung $\varkappa_1$ unendlich klein angenommen wurde, einfach

(A 7) $$\varkappa = -\frac{d^2 y}{dx^2}$$

lautet. Die seitlichen Ausbiegungen der beiden Flanschachsen sind, da der Träger beim Übergang von der ebenen zur ausgekippten Lage nicht nur räumlich verbogen, sondern auch verdrillt wird, von den Ausbiegungen y unterschieden — und zwar ist die Ausbiegung der unteren Flanschachse bei positivem ϑ um den Betrag

(A 8) $$\eta = \frac{h}{2} \cdot \vartheta$$

größer und die Ausbiegung der oberen Flanschachse um den gleichen Betrag kleiner als die Trägerausbiegung y (vgl. dazu auch die Abb. 9a); hierbei stellt h die in der Abb. 1b und 1c angegebene gegenseitige Entfernung der beiden Flanschachsen vor. Die Verdrillung ϑ hat somit das Auftreten zusätzlicher Ausbiegungen der Flanschen in der Richtung der Maximumachse und damit das Auftreten von Flanschbiegemomenten M_{Fl} und Flanschquerkräften Q_{Fl} zur Folge, die im unteren Flansch

(A 9) $$M_{Fl} = -\frac{B_{Fl}}{2} \cdot \frac{d^2 \eta}{dx^2}, \quad Q_{Fl} = \frac{dM_{Fl}}{dx} = -\frac{1}{2} \cdot \frac{d}{dx}\left(B_{Fl} \cdot \frac{d^2 \eta}{dx^2}\right)$$

betragen und im oberen Flansch die gleiche Größe, aber das entgegengesetzte Vorzeichen aufweisen. Der Drillbeanspruchung wirkt daher nicht nur das der St. Venantschen Verdrillung zugeordnete Moment $C \cdot \frac{d\vartheta}{dx}$, sondern auch das durch die Verbiegung der Flanschen bedingte, von den Flanschquerkräften herrührende Moment

(A 10) $$Q_{Fl} \cdot h = -\frac{h}{2} \cdot \frac{d}{dx}\left(B_{Fl} \cdot \frac{d^2 \eta}{dx^2}\right) = -\frac{h}{2} \cdot \frac{d}{dx}\left[B_{Fl} \cdot \frac{d^2}{dx^2}\left(\frac{h}{2} \cdot \vartheta\right)\right]$$

entgegen, so daß wir für das Drillmoment

(A 11) $$M_D = C \frac{d\vartheta}{dx} - \frac{h}{4} \cdot \frac{d}{dx}\left[B_{Fl} \cdot \frac{d^2}{dx^2}(h\vartheta)\right]$$

erhalten; die Drillachse und die Trägerachse fallen hierbei wegen der doppelten Symmetrie des Trägerquerschnittes zusammen. Die Beziehung (A 11) ist als Näherungsbeziehung zu werten; ihre Herleitung wurde für den Sonderfall $h = $ const, $B_{Fl} = $ const, schon vor mehr als drei Jahrzehnten von Timoshenko durchgeführt.

Hätte der Träger an Stelle des stetig veränderlichen I-Querschnittes einen konstanten, dünnwandigen und offenen Querschnitt mit beliebiger Form und beliebigem Wanddickenverlauf, dann würde an die Stelle von (A 11) die Beziehung

(A 12) $$M_D = C\frac{d\vartheta}{dx} - EC^* \frac{d^3\vartheta}{dx^3}$$

treten, in welcher E den Elastizitätsmodul und C^* ein (von Kappus[1] als „Wölbwiderstand" bezeichnetes) Flächenmoment vierter Ordnung bedeutet. Ist die Wanddicke eine stetige Funktion des Querschnittortes x, die Querschnittsfigur aber nach wie vor von x unabhängig, dann geht (A 12), wie Kappus in einer unveröffentlichten Arbeit gezeigt hat, in

(A 13) $$M_D = C \cdot \frac{d\vartheta}{dx} - E \cdot \frac{d}{dx}\left[C^*_{(x)} \cdot \frac{d^2 \vartheta}{dx^2}\right]$$

---

[1] Kappus, R.: Luftf.-Forschg. Bd. 14 (1937) S. 444.

über, wobei der Wölbwiderstand nunmehr als Funktion von x auftritt. Wollen wir hier den Zusammenhang mit (A 11) herstellen, dann haben wir für den doppelt-symmetrischen I-Querschnitt mit konstanter Querschnittsfigur einfach $C^*_{(x)} = \frac{h^2}{4} \cdot J_{Fl}$, $h = \text{const}$, zu setzen und gewinnen damit die Beziehung

(A 14) $$M_D = C \frac{d\vartheta}{dx} - \frac{h^2}{4} \cdot \frac{d}{dx}\left(B_{Fl} \cdot \frac{d^2\vartheta}{dx^2}\right),$$

die mit der aus (A 11) für $h = \text{const}$ erhaltenen Beziehung übereinstimmt.

§ 3. Die Differentialgleichung des Kipp-Problems.

Führen wir die Ergebnisse (A 4) in die drei Gleichgewichtsbedingungen (A 5) ein, dann nehmen diese die Form

(A 15) $$\begin{cases} \dfrac{dQ}{dx} = \dfrac{d}{dx}\left(\vartheta \cdot \dfrac{dM_1}{dx}\right) - S \cdot \varkappa \\ \dfrac{dM_D}{dx} + p\,e\,\vartheta = M_1\varkappa \\ \dfrac{dM}{dx} + M_1\dfrac{d\vartheta}{dx} + Q = 0 \end{cases}$$

an. Die letzte dieser drei Gleichungen geht, wenn wir sie nach x differenzieren und für dQ/dx den aus der ersten Zeile gewonnenen Ausdruck einsetzen, nach Beachtung von (A 6) in

(A 16) $$\frac{d^2}{dx^2}(B\varkappa + M_1\vartheta) - S \cdot \varkappa = 0$$

über und liefert nach Berücksichtigung des aus der zweiten Gleichungszeile für $\varkappa$ gewonnenen Ausdruckes die Differentialgleichung des Kipp-Problems

(A 17) $$\frac{d^2}{dx^2}\left[\frac{B}{M_1}\left(\frac{dM_D}{dx} + p\,e\,\vartheta + \frac{M_1^2}{B}\cdot\vartheta\right)\right] - \frac{S}{M_1}\left(\frac{dM_D}{dx} + p\,e\,\vartheta\right) = 0,$$

in die wir für dM_D/dx die aus (A 11) folgende Beziehung

(A 18) $$\frac{dM_D}{dx} = \frac{d}{dx}\left\{C\frac{d\vartheta}{dx} - \frac{h}{4}\cdot\frac{d}{dx}\left[B_{Fl}\cdot\frac{d^2}{dx^2}(h\vartheta)\right]\right\}$$

einzusetzen haben. Die Größen B, B_{Fl}, C, h, p, e und M_1 sind hierbei stetige Funktionen des Querschnittsortes x, und zwar bedeutet nach wie vor

B die auf die Minimumachse des Querschnittes bezogene Biegesteifigkeit des Trägers,
B_{Fl} die auf diese Achse bezogene Biegesteifigkeit des Flanschenpaares, wobei $B_{Fl} \approx B$ ist,
C die Drillungssteifigkeit des Trägers,
h die gegenseitige Entfernung der beiden Flanschachsen,
p die örtliche Intensität der lotrechten Querbelastung,
e die auf der Oberseite des Trägers positiv bezeichnete Entfernung der Angriffspunkte der Elementarlasten $p \cdot dx$ von der Trägerachse,
M_1 das durch die Querlast p, die Endquerkräfte P und die Endmomente $\mathfrak{M}$ hervorgerufene, auf die Maximumachse des Querschnittes bezogene Biegemoment des Trägers, und
S die an den Trägerenden mittig angreifende, als Zugkraft positiv gezählte Axialkraft.

Die Gleichung (A 17) stellt nach Einführung von (A 18) eine lineare, homogene Differentialgleichung sechster Ordnung für den Drillwinkel ϑ vor, der an der gesuchten Verzweigungsstelle des Gleichgewichtes beim Übergang von der ebenen zur infinitesimal ausgekippten Gleichgewichtslage in Erscheinung tritt. Die allgemeine Lösung dieser Differentialgleichung weist sechs Integrationskonstante auf, deren Größe durch sechs Randbedingungen bestimmt wird. Setzen wir die allgemeine Lösung in diese Randbedingungen ein, dann gelangen wir auf ein System von sechs in den Integrationskonstanten linearen und homogenen Gleichungen, das nur dann eine von der trivialen Nullösung (alle Integrationskonstanten gleich Null und daher auch $\vartheta \equiv 0$!) verschiedene Lösung besitzt, wenn seine Koeffizientendeterminante $\varDelta_K$ verschwindet. Die Gleichung $\varDelta_K = 0$

stellt demnach die Bedingung für die widerspruchsfreie Ausbildung einer unendlich wenig ausgekippten Gleichgewichtslage dar; sie wird „Kippbedingung" genannt und dient zur Festlegung der Verzweigungsstellen des Gleichgewichtes und damit auch zur Festlegung der „idealen Kipplasten", von denen die kleinste unser baupraktisches Interesse findet.

Beim Übergang von der ebenen zur infinitesimal ausgekippten Gleichgewichtslage kommt neben der Verdrillung auch eine Ausbiegung y der Trägerachse zur Geltung, die auf der Minimumachse des Trägerquerschnittes (vgl. Abb. 1b) senkrecht steht und mit der örtlichen Krümmung $\varkappa$ durch die geometrische Beziehung (A 7) verknüpft ist. Da wir im weiteren bei der Formulierung gewisser Randbedingungen auf die Ausbiegung y Bezug nehmen müssen, wollen wir die Herleitung der Differentialgleichung (A 17) kurz wiederholen und hierbei **die Größe y in Erscheinung treten lassen**:

Wir integrieren die erste der drei Gleichgewichtsbedingungen (A 5) unter Beachtung von (A 4) und (A 7), erhalten

$$\text{(A 19)} \qquad Q = Q_1 \vartheta + S \cdot \frac{dy}{dx} - \frac{K_\mathrm{I}}{l},$$

führen hierauf diesen Ausdruck in die dritte Gleichgewichtsbedingung (A 5) ein und gelangen so, wenn wir (A 4) berücksichtigen und integrieren, zur Gleichung

$$\text{(A 20)} \qquad M = - M_1 \vartheta - S y + K_\mathrm{I} \frac{x}{l} + K_\mathrm{II}.$$

Die Größen K_I und K_II stellen hierbei Integrationskonstante von der Dimension eines Momentes vor, deren statische Bedeutung klar wird, wenn wir (A 20) für die beiden Endpunkte $x = 0$ und $x = l$ des untersuchten Trägers anschreiben und auf diese Weise die Beziehungen

$$\text{(A 21)} \qquad \begin{cases} K_\mathrm{II} = (M_1 \vartheta + S y + M)_{x=0} \\ K_\mathrm{I} = (M_1 \vartheta + S y + M)_{x=l} - K_\mathrm{II} \end{cases}$$

erhalten, — oder aber, wenn wir K_I und K_II unmittelbar aus (A 19) und (A 20) in der Form

$$\text{(A 22)} \qquad \begin{cases} K_\mathrm{I} = l \cdot \left(Q_1 \vartheta + S \frac{dy}{dx} - Q \right) = \text{const} \\ K_\mathrm{II} = \left(M_1 \vartheta + S y + M - K_\mathrm{I} \frac{x}{l} \right) = \text{const} \end{cases}$$

darstellen. Aus (A 20) und (A 6) ergibt sich für die Krümmung der Ausdruck

$$\text{(A 23)} \qquad \varkappa = - \frac{M_1}{B} \cdot \vartheta - \frac{S}{B} \cdot y + \frac{1}{B} \left(K_\mathrm{I} \frac{x}{l} + K_\mathrm{II} \right),$$

der in die zweite der drei Gleichgewichtsbedingungen (A 5) einzusetzen ist; wir gewinnen so die Differentialgleichung des Kipp-Problems in der Form

$$\text{(A 24)} \qquad \frac{B}{M_1} \left(\frac{d M_D}{d x} + p\, e\, \vartheta + \frac{M_1^2}{B} \cdot \vartheta \right) + S y - \left(K_\mathrm{I} \frac{x}{l} + K_\mathrm{II} \right) = 0,$$

wobei $\frac{d M_D}{d x}$ nach wie vor durch (A 18) festgelegt wird. Um von der Differentialgleichung (A 24) zur Differentialgleichung (A 17) zu gelangen, müßten wir (A 24) zweimal nach x differenzieren, die Gleichung (A 7) beachten und für $\varkappa$ den aus der zweiten der drei Gleichgewichtsbedingungen (A 5) erhaltenen Ausdruck einführen.

Besitzt der untersuchte Träger eine konstante Flanschachsen-Entfernung $h = \text{const}$, dann geht (A 11) in (A 14) über, so daß für (A 18)

$$\text{(A 25)} \qquad \frac{d M_D}{d x} = C \frac{d^2 \vartheta}{d x^2} + \frac{d C}{d x} \cdot \frac{d \vartheta}{d x} - \frac{h^2}{4} \left(B_\mathrm{Fl} \cdot \frac{d^4 \vartheta}{d x^4} + 2 \cdot \frac{d B_\mathrm{Fl}}{d x} \cdot \frac{d^3 \vartheta}{d x^3} + \frac{d^2 B_\mathrm{Fl}}{d x^2} \cdot \frac{d^2 \vartheta}{d x^2} \right)$$

geschrieben werden kann. Setzen wir diese Beziehung in (A 17) ein und führen wir von nun ab an Stelle von x die dimensionslose Zahl

$$\text{(A 26)} \qquad \xi = \frac{x}{l}$$

Die Differentialgleichung des Kipp-Problems.

als unabhängige Veränderliche ein, dann erhalten wir die Grundgleichung in der ausgeschriebenen Form

(A 27)
$$\left\{ \frac{d^2}{d\xi^2} \left\{ \frac{BC}{M_1} \cdot \left[\beta \left(\vartheta'''' + 2 \frac{B'_{\mathrm{Fl}}}{B_{\mathrm{Fl}}} \vartheta''' + \frac{B''_{\mathrm{Fl}}}{B_{\mathrm{Fl}}} \vartheta'' \right) - \vartheta'' - \frac{C'}{C} \cdot \vartheta' - \right. \right. \right.$$
$$\left. \left. - \frac{M_1^2 l^2}{BC} \vartheta - \frac{p\,l^2\,e}{C} \vartheta \right] \right\} - \frac{S\,l^2\,C}{M_1} \cdot \left[\beta \left(\vartheta'''' + 2 \frac{B'_{\mathrm{Fl}}}{B_{\mathrm{Fl}}} \vartheta''' + \frac{B''_{\mathrm{Fl}}}{B_{\mathrm{Fl}}} \vartheta'' \right) -$$
$$\left. - \vartheta'' - \frac{C'}{C} \vartheta' - \frac{p\,l^2\,e}{C} \vartheta \right] = 0,$$

wobei

(A 28) $$\beta = \frac{B_{\mathrm{Fl}}}{C} \left(\frac{h}{2\,l} \right)^2, \quad \left(\frac{h}{2\,l} \right)^2 = \text{const},$$

ist und die Ableitungen nach ξ durch Striche $\left(\vartheta'''' \equiv \frac{d^4\vartheta}{d\xi^4}, B'_{\mathrm{Fl}} \equiv \frac{d\,B_{\mathrm{Fl}}}{d\xi} \text{ usw.} \right)$ angedeutet sind. Die Gleichung (A 27) stellt eine lineare, homogene Differentialgleichung sechster Ordnung für den Drillwinkel ϑ vor, der an der untersuchten Verzweigungsstelle des Gleichgewichtes beim Übergang von der ebenen zur benachbarten ausgekippten Gleichgewichtslage auftritt. B bedeutet nach wie vor die auf die Minimumachse bezogene Biegesteifigkeit des Trägers, B_{Fl} die auf diese Achse bezogene Biegesteifigkeit des Flanschenpaares, C die Drillungssteifigkeit des Trägers, p die Intensität der stetig verteilten Querbelastung, e die Entfernung des Angriffspunktes der Elementarlast $p \cdot dx$ von der Trägerachse, M_1 das durch die Querbelastung, die Endquerkräfte und die Endmomente verursachte, auf die Maximumachse bezogene Biegemoment, S die an den beiden Trägerenden mittig angreifende Axialkraft, h die Entfernung der beiden Flanschachsen und l die Trägerlänge; B, B_{Fl}, C, p, e, M_1 und die Hilfsgröße β dürfen Konstante oder stetige Funktionen der dimensionslosen Zahl ξ sein. Die allgemeine Lösung von (A 27) enthält sechs Integrationskonstante, die durch die vorzuschreibenden sechs Randbedingungen bestimmt werden. Führen wir die allgemeine Lösung in diese sechs Randbedingungen ein, dann gelangen wir auf ein System von sechs in den Integrationskonstanten linearen und homogenen Gleichungen, das nur dann eine von der trivialen Nullösung (alle Integrationskonstanten gleich Null, also $\vartheta \equiv 0$) verschiedene Lösung besitzt, wenn seine Koeffizientendeterminante Δ_K verschwindet. Die Gleichung $\Delta_K = 0$ stellt demnach die gesuchte Kippbedingung vor und dient zur Festlegung der Verzweigungsstellen des Gleichgewichtes und damit auch zur Bestimmung der kleinsten idealen Kipplast des untersuchten Trägers.

Setzen wir das Auswertungsergebnis der Kippbedingung in die erwähnten sechs Randbedingungsgleichungen ein, dann können wir mit Hilfe dieser Gleichungen die relative Größe der sechs Integrationskonstanten berechnen und die allgemeine Lösung der Differentialgleichung (A 27) in der Form $\vartheta = K \cdot f(\xi)$ anschreiben; K bedeutet hierbei einen der Größe nach unbestimmt bleibenden Faktor, den wir uns im Sinne der einleitenden Darlegungen als unendlich klein zu denken haben. Die graphische Darstellung dieses funktionalen Zusammenhanges vermittelt uns ein maßstäblich verzerrtes (affines) Bild der im Augenblick des Auskippens auftretenden Verdrillung des Trägers; wir bezeichnen die Kurve $\vartheta = K \cdot f(\xi)$ als „Kippfigur" und vermerken, daß jeder mit Hilfe der Kippbedingung $\Delta_K = 0$ festgelegten Kipplast — sowohl der baupraktisch maßgebenden kleinsten als auch allen „höheren" Kipplasten — eine derartige Kippfigur von ganz bestimmter Gesetzmäßigkeit zugeordnet ist.

Haben wir die Ortsfunktion $\vartheta = K \cdot f(\xi)$ ermittelt, dann können wir mit Hilfe der im § 2 angeführten Grundbeziehungen auch die Ortsfunktionen $y = K \cdot f_1(\xi)$, $\varkappa = K \cdot f_2(\xi)$, $M = K \cdot f_3(\xi)$, $M_D = K \cdot f_4(\xi)$ und $Q = K \cdot f_5(\xi)$ bis auf den gemeinsamen, unbestimmt bleibenden Faktor K bestimmen. Auch diese Funktionen vermögen, wenn wir sie durch ihre affinen Bilder darstellen, die Art der Verformung und Inanspruchnahme des Trägers im Augenblick des Auskippens zu beleuchten und können daher ebensogut wie die Kurve $\vartheta = K \cdot f(\xi)$ als „Kippfiguren" Verwendung finden. Das Auftreten des unbestimmt bleibenden Faktors K ist eine notwendige Folge der schon im § 1 erwähnten „Linearisierung" der Theorie. Würden wir von dieser Linearisierung keinen Gebrauch machen und für ϑ, y, $\varkappa$, $\varkappa_1$, M_D, M und Q endlich große Werte zulassen, dann würden wir zur allgemeinen

„nichtlinearen Kipptheorie" gelangen, die nicht nur die Verzweigungsstellen als solche liefert, sondern auch das Tragverhalten des Trägers nach Überschreiten des Kipplastwertes (allerdings nur innerhalb des Hookeschen Formänderungsbereiches) klarzulegen gestattet[1]. Der allgemeinen Entwicklung dieser nichtlinearen Theorie stehen jedoch übergroße Schwierigkeiten mathematischer Natur entgegen.

§ 4. Über das Auskippen im unelastischen Formänderungsbereich.

Wir haben unserer Kipptheorie einen Träger aus Hookeschem Idealwerkstoff zugrunde gelegt, wiewohl wir es bei allen baupraktischen Anwendungen dieser Theorie mit Trägern aus zähplastischen Werkstoffen zu tun haben, die dem Hookeschen Formänderungsgesetz mit hinreichender Annäherung nur innerhalb eines bestimmten Bereiches gehorchen. Die obere Grenze dieses Bereiches wird erreicht, wenn der örtliche Größtwert max σ_V der sog. „Vergleichsspannung" — die man als Maß der örtlichen Anstrengung des Werkstoffes einzuführen pflegt — den Nennwert σ_P der Proportionalitäts- und Elastizitätsgrenze annimmt[2]. Bei gedrungen gebauten Trägern mit verhältnismäßig hoch liegenden Kipplastwerten ist max σ_V an der Verzweigungsstelle des Gleichgewichtes schon größer als σ_P und daher die Voraussetzung, die wir unserer Theorie hinsichtlich des Werkstoffverhaltens zugrunde gelegt haben, nicht mehr erfüllt; es liegt dann das Problem der „Kippung im unelastischen Formänderungsbereich" vor, dessen theoretische Behandlung schon bei der Formulierung der Grundbeziehungen großen Schwierigkeiten begegnet.

Sicher ist, daß der Kipplastwert P_k, der von unserer an das Hookesche Formänderungsgesetz gebundenen Theorie geliefert wird, in allen jenen Fällen, in denen die unter P_k auftretende größte Vergleichsspannung max $\sigma_V > \sigma_P$ ist und daher ein Kippen im unelastischen Formänderungsbereich vorliegt, eine Abminderung erfahren muß. Das Gesetz dieser Abminderung ist uns noch nicht bekannt. Wir müssen daher die Reduktion der Rechnungsgröße P_k vorläufig nach einem Näherungsgesetz durchführen, das in seinem Aufbau willkürlich gewählt wird, bei dessen Festlegung aber nicht nur auf die Bau- und Versuchserfahrung Rücksicht zu nehmen ist, sondern auch beachtet werden muß, daß die Abminderung gleich Null wird, wenn max $\sigma_V \leq \sigma_P$ ist. Es sind schon mehrere einfache Abminderungsgesetze in Vorschlag gebracht worden[3]; eines von diesen liegt dem folgenden Reduktionsverfahren zugrunde:

Wir ermitteln die Rechnungsgröße P_k mit Hilfe unserer an das Hookesche Formänderungsgesetz gebundenen Kipptheorie, bestimmen die unter P_k auftretende größte örtliche Vergleichsspannung max σ_V nach den hierfür maßgebenden Regeln, berechnen hierauf den „ideellen Schlankheitsgrad"

(A 29) $$\lambda_\text{id} = \pi \cdot \sqrt{\frac{E}{\max \sigma_V}}$$

und suchen nun im Knickspannungsdiagramm der „amtlichen Vorschriften über die Berechnung mittig gedrückter, beiderseits gelenkig gelagerter Stäbe" die dem verwendeten Werkstoff und dem Schlankheitsgrad λ_id zugeordnete Knickspannung σ_k auf; mit Hilfe dieser Knickspannung (die im elastischen Formänderungsbereich mit max σ_V übereinstimmt, im unelastischen Bereich aber kleiner als max σ_V ist) läßt sich dann die reduzierte „ideale Kipplast" aus der Beziehung

(A 30) $$(P_k)_\text{red} = P_k \cdot \frac{\sigma_k}{\max \sigma_V}$$

berechnen.

---

[1] Über erste Ansätze dieser Art vgl. K. Federhofer: Z. angew. Math. Mech. Bd. 6 (1926) S. 43 und E. Tomiloff: Mitt. Forsch.-Inst. Math. u. Mech. Univ. Tomsk Bd. 2 (1938) S. 113.

[2] Bei ebenen Spannungszuständen wird diese Vergleichsspannung — wenn die Hypothese von der Unveränderlichkeit der bis zur Fließgrenze aufgespeicherten „bezogenen Gestaltänderungsenergie" als zutreffend angesehen wird — durch die Beziehung

$$\sigma_V = \sqrt{\sigma_x^2 + \sigma_y^2 - \sigma_x \cdot \sigma_y + 3\tau_{xy}^2}$$

festgelegt. Vgl. etwa F. Schleicher: Bauingenieur Bd. 9 (1928) S. 253 oder Stahlbau-Kalender 1939, S. 29.

[3] Vgl. dazu F. Stüssi: Abhandlungen der Int. Ver. Brückenbau u. Hochbau, Bd. 3., S. 401, Zürich 1935; S. Timoshenko: Trans. Amer. Soc. Civ. Engrs. Bd. 87 (1924) S. 1247 oder Theory of Elastic Stability, V. Kapitel, New York u. London 1936; F. Hartmann: Knickung — Kippung — Beulung, VI. Absatz, Leipzig u. Wien 1937.

Gewinnen wir beispielsweise aus unserer Kipptheorie für die Kipplast den Wert $P_k = 15$ t und beträgt die unter dieser Last auftretende größte örtliche Vergleichsspannung des aus Stahl St 37 bestehenden Trägers max $\sigma_V = 3{,}24$ t/cm² $> \sigma_P$, dann liegt ein Fall der „**Kippung im unelastischen Formänderungsbereich** vor", so daß die das Werkstoffverhalten betreffende Voraussetzung unserer Kipptheorie nicht mehr erfüllt ist. Wir müssen den Rechnungswert P_k reduzieren und erhalten, wenn wir uns des eben geschilderten Verfahrens und der deutschen Knickvorschriften bedienen,

$$\lambda_{\mathrm{id}} = \pi \cdot \sqrt{\frac{2100}{3{,}24}} = 80, \quad \sigma_k = 2{,}237 \text{ t/cm}^2 \quad \text{und daher} \quad (P_k)_{\mathrm{red}} = 15 \frac{2{,}237}{3{,}24} = 10{,}36 \text{ t}.$$

Ist die unter P_k auftretende größte örtliche Vergleichsspannung max $\sigma_V \geq 5{,}76$ t/cm², dann wird $\lambda_{\mathrm{id}} \leq 60$ und daher σ_k nach den deutschen Knickvorschriften unveränderlich gleich σ_F. Dieser Nennwert der Fließspannung kann von der Knickspannung σ_k nicht überschritten werden und demgemäß kann die mit Hilfe unseres Reduktionsverfahrens gewonnene Kipplast $(P_k)_{\mathrm{red}}$ nicht größer als jene Last werden, unter der die größte örtliche Vergleichsspannung diesen Nennwert erreicht, unter der also im Sinne der klassischen Fließtheorie **die örtliche Plastizierung des Werkstoffes einsetzt**. Da es sich hierbei bloß um den **Beginn des Fließens** — und zwar eines **lokal beschränkten Fließens** — handelt, ist diese obere Grenze verhältnismäßig tief gezogen. Das Reduktionsverfahren bleibt somit ganz auf der „sicheren" Seite, so daß es ohne weiteres statthaft erscheint, dieses Verfahren noch dadurch zu vereinfachen, daß wir an Stelle der größten örtlichen Vergleichsspannung max σ_V die viel rascher ermittelbare **größte Flanschdruckspannung** max σ_d in die Rechnung einführen. Die in den Fällen max $\sigma_d > \sigma_P$ erforderliche Abminderung ist dann in folgender Weise durchzuführen:

Wir ermitteln die Größe P_k mit Hilfe unserer an das **Hookesche Formänderungsgesetz** gebundenen Kipptheorie, bestimmen — gleichfalls unter Voraussetzung des **Hookeschen Formänderungsgesetzes** — die unter P_k auftretende größte Flanschdruckspannung max σ_d, berechnen den ideellen Schlankheitsgrad

(A 31)
$$\lambda_{\mathrm{id}} = \pi \cdot \sqrt{\frac{E}{\max \sigma_d}}$$

und suchen im Knickspannungsdiagramm der „Vorschriften für die Berechnung mittig gedrückter, beiderseits gelenkig gelagerter Druckstäbe" die dem verwendeten Werkstoff und dem Schlankheitsgrad λ_{id} entsprechende Knickspannung σ_k auf. Diese Knickspannung stellt nach unserer Annahme die größte unter $(P_k)_{\mathrm{red}}$ auftretende Flanschdruckspannung vor, so daß sich für die gesuchte abgeminderte Kipplast

(A 32)
$$(P_k)_{\mathrm{red}} = P_k \cdot \frac{\sigma_k}{\max \sigma_d}$$

ergibt[1]. Wird im Rahmen der an das Hookesche Gesetz gebundenen Kipptheorie ein Lastwert P_k erhalten, für den sich nach den elementaren Formeln der technischen Biegungslehre max $\sigma_d \geq 5{,}76$ t/cm² ergibt, dann nimmt **die Kipplast** $(P_k)_{\mathrm{red}}$ — da $\lambda_{\mathrm{id}} \leq 60$ und daher im Sinne der derzeit geltenden Knickvorschriften $\sigma_k = \sigma_F$ wird — **ihren größtmöglichen Wert** an, der auch bei einer extrem gedrungenen Ausbildung des Trägers nicht überschritten werden kann und mit jenem Sonderwert der äußeren Belastung übereinstimmt, unter dem die größte Flanschdruckspannung die Fließgrenze σ_F erreicht. Der Umweg über die Knickvorschrift und den ideellen Schlankheitsgrad läßt sich vermeiden, wenn wir näherungsweise annehmen, daß σ_P mit σ_F zusammenfällt („idealplastischer" Werkstoff). Es gilt dann die folgende einfache Festsetzung: Ist die Spannung max σ_d (die unter P_k auftreten würde, wenn der Trägerwerkstoff unbeschränkt dem **Hookeschen Formänderungsgesetz gehorchen würde**) kleiner als σ_F, dann stellt P_k die gesuchte ideale Kipplast vor; kommt jedoch max $\sigma_d \geq \sigma_F$ heraus, dann stimmt die gesuchte Kipplast mit jenem Sonderwert der äußeren Belastung überein, für den sich max $\sigma_d = \sigma_F$ ergibt.

---
[1] Eine tabellarische Zusammenstellung dieser Abminderungen — bezogen auf die Knickspannungslinie der derzeit in Geltung stehenden deutschen Knickvorschriften — findet sich in einem anderen Zusammenhang bei F. Schleicher: Bauingenieur Bd. 20 (1939) S. 223.

B. Der Einfluß der „endlich großen Hauptkrümmung".
§ 1. Ein einfacher Sonderfall der exakten Kipptheorie.

Wir haben im Abschnitt A die Differentialgleichung des Kipp-Problems unter der Näherungsannahme abgeleitet, daß die örtliche Hauptkrümmung $\varkappa_1$, die die Trägerachse unter dem Einfluß der durch die äußere Belastung bedingten und auf die Maximumachse des Querschnittes bezogenen Biegemomente M_1 erfährt, ebenso als unendlich klein angesehen werden darf wie etwa die Verdrillung ϑ oder die Krümmung $\varkappa$. Da diese Hauptkrümmung mit dem Biegemoment M_1 durch die Beziehung (A 1) zusammenhängt und die Biegesteifigkeit B_1 von endlicher Größe ist, wird sie in Wirklichkeit eine zwar sehr kleine, aber immerhin endliche Größe sein; unsere Näherungsannahme beinhaltet somit die Vernachlässigung des Einflusses, den die „endlich große Hauptkrümmung" auf die Lösung des Kipp-Problems nimmt.

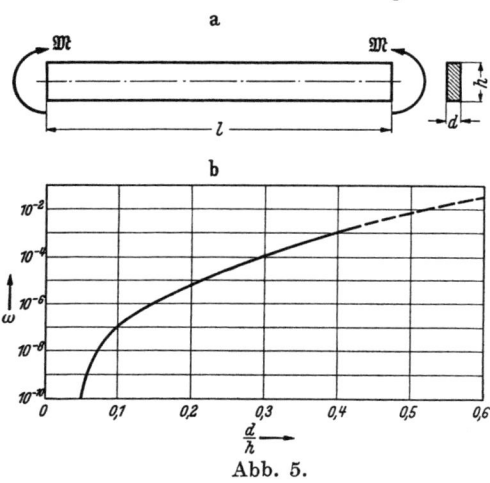

Abb. 5.

Wir mußten uns zu dieser Näherungsannahme entschließen, weil sich der Entwicklung einer exakten Kipptheorie, die die Hauptkrümmung konsequent — in allen Gleichgewichtsbedingungen und in allen geometrischen Beziehungen — als endliche Größe ansieht, übergroße Schwierigkeiten mathematischer Natur entgegenstellen. Hingegen ist schon mit Erfolg versucht worden, dieser exakten Kipptheorie dadurch nahezukommen, daß die Hauptkrümmung wenigstens in einem Teil der elastostatischen Grundgleichungen als endliche Größe angesehen wird[1].

Im folgenden wollen wir uns mit einem Kipp-Problem beschäftigen, daß genügend einfach ist, um mit den gewöhnlichen Hilfsmitteln der Mathematik eine Lösung im Sinne der exakten Kipptheorie zuzulassen. Diese Lösung liefert eine einwandfreie Grundlage für die Beurteilung des Einflusses, den die „endlich große Hauptkrümmung" auf die Größe der Kippbelastung nimmt, und gestattet die Entwicklung eines einfachen Verfahrens, das uns die Möglichkeit gibt, diesem Einfluß näherungsweise auch bei der Lösung anderer Kipp-Probleme Rechnung zu tragen. Der zu behandelnde Sonderfall liegt vor, wenn wir die Kippstabilität eines geraden, aus einem Hookeschen Idealwerkstoff bestehenden Stabes untersuchen, der einen konstanten, „flanschlosen" Querschnitt aufweist und durch gegengleiche Endmomente $\mathfrak{M}$ belastet wird (Abb. 5a). Durch die Voraussetzung eines „flanschlosen" Querschnittes soll — wie wir im Abschnitt F näher ausführen werden — die Berechtigung erworben werden, die Normalspannungen, die die Verdrillung des auskippenden Stabes begleiten, vernachlässigen und daher in der Gleichung (A 11) für die seitliche Biegesteifigkeit des Flanschenpaares $B_{Fl} = 0$ setzen zu dürfen.

Die Gleichgewichtsbedingungen (A 2) sind im vorliegenden Fall, da $p = 0$, $Q_1 = 0$, $N_1 = 0$, $M_1 = \mathfrak{M} = $ const ist und die Produkte $Q \cdot \frac{d\vartheta}{dx}$, $Q \cdot \varkappa$, $M_D \cdot \varkappa$, $M \cdot \frac{d\vartheta}{dx}$ an der untersuchten Verzweigungsstelle des Gleichgewichtes als „klein von höherer Ordnung" gestrichen werden dürfen, auch dann erfüllt, wenn wir für die Hauptkrümmung $\varkappa_1$ einen endlich großen Wert zulassen. Von den Gleichgewichtsbedingungen (A 3) führt die erste Zeile, wenn wir sie integrieren und die Randbedingungen berücksichtigen, zur Beziehung $Q = 0$, während die beiden restlichen Zeilen

$$\text{(B 1)} \quad \begin{cases} \dfrac{dM_D}{dx} + M \varkappa_1 - \mathfrak{M} \varkappa = 0 \\ \dfrac{dM}{dx} + \mathfrak{M} \dfrac{d\vartheta}{dx} - M_D \varkappa_1 = 0 \end{cases}$$

---
[1] Prandtl, L.: Kipperscheinungen. Inaug.-Diss. München, eingereicht am 14. November 1899. — Reißner, H.: Sitzgsber. Berl. Math. Ges. Bd. 3 (1904) S. 55 [Anhang zum Archiv Math. Phys. Bd. 8 (1905)]. — Federhofer, K.: Sitzgsber. Akad. Wiss. Wien, IIa, Bd. 140 (1931) S. 246.

lauten. Die Stabilitätsgrenze ist, wie wir schon dargelegt haben, dadurch gekennzeichnet, daß unter derselben Last zwei verschiedene, unmittelbar benachbarte Gleichgewichtsfiguren gleich gut möglich werden. Die erste von diesen beiden Figuren wird — da das Biegemoment M_1 und auch der Stabquerschnitt konstant ist — durch einen Kreisbogen mit der Krümmung

(B 2) $$\varkappa_1 = \frac{M_1}{B_1} = \frac{\mathfrak{M}}{B_1} = \text{const}$$

gebildet und die zweite geht aus diesem Kreisbogen durch die Überlagerung der unendlich kleinen Verdrillung ϑ und der in der Richtung senkrecht zur Querschnitts-Minimumachse auftretenden, gleichfalls unendlich kleinen Ausbiegung y hervor. Beim Übergang von der ersten zur zweiten Figur kommen Biegemomente M und Drillmomente M_D zur Geltung, für die wir — wenn B die auf die Querschnitts-Minimumachse bezogene Biegesteifigkeit des Stabes, $\varkappa$ die zugeordnete Achsenkrümmung, C die Drillungssteifigkeit und τ den „Drall" bedeutet — die Gleichungen

(B 3) $$\begin{cases} M = B \cdot \varkappa \\ M_D = C \cdot \tau \end{cases}$$

erhalten. Hierbei würde sich für $\varkappa$ und τ, wenn wir die Hauptkrümmung als unendlich kleine Größe ansehen dürften, aus (A 7) und (A 11) nach Beachtung von $B_{Fl} = 0$ einfach $\varkappa = -\frac{d^2 y}{d x^2}$ und $\tau = \frac{d\vartheta}{dx}$ ergeben; wird hingegen — wie dies bei unserer exakten Theorie erforderlich ist — darauf Rücksicht genommen, daß die konstante Hauptkrümmung $\varkappa_1$ eine endliche Größe ist, dann muß diesen beiden geometrischen Beziehungen die Form (vgl. dazu die Abb. 3 und 4)

(B 4) $$\begin{cases} \varkappa = -\left(\frac{d^2 y}{d x^2} + \varkappa_1 \vartheta \right) \\ \tau = +\left(\frac{d \vartheta}{d x} - \varkappa_1 \frac{d y}{d x} \right) \end{cases}$$

gegeben werden. Setzen wir (B 4) und (B 3) in die beiden noch unerfüllten Gleichgewichtsbedingungen (B 1) ein, dann erhalten wir die beiden Gleichungen

(B 5) $$\begin{cases} \frac{d^2 y}{d x^2} (\mathfrak{M} - B \varkappa_1 - C \varkappa_1) + C \frac{d^2 \vartheta}{d x^2} + (\mathfrak{M} - B \varkappa_1) \cdot \varkappa_1 \vartheta = 0 \\ B \cdot \frac{d^3 y}{d x^3} - \frac{d \vartheta}{d x} \cdot (\mathfrak{M} - B \varkappa_1 - C \varkappa_1) - C \varkappa_1^2 \cdot \frac{d y}{d x} = 0, \end{cases}$$

die uns — wenn wir aus der ersten Zeile eine Beziehung für $\frac{d^2 y}{d x^2}$, hierauf durch zweimaliges Differenzieren dieses Ausdruckes eine Beziehung für $\frac{d^4 y}{d x^4}$ gewinnen und schließlich diese beiden Beziehungen in die nach x differenzierte zweite Zeile einsetzen — zur **Differentialgleichung des Kipp-Problems**

(B 6) $$BC \frac{d^4 \vartheta}{d x^4} + \mathfrak{M}^2 \cdot \left(1 - \frac{B}{B_1}\right) \cdot \left(1 - \frac{2C}{B_1}\right) \cdot \frac{d^2 \vartheta}{d x^2} - \frac{C \mathfrak{M}^4}{B_1^3} \cdot \left(1 - \frac{B}{B_1}\right) \cdot \vartheta = 0$$

führen. Die allgemeine Lösung dieser linearen und homogenen Differentialgleichung enthält vier Integrationskonstante, die durch die vier vorzuschreibenden Randbedingungen bestimmt werden. Denken wir uns den Stab an seinen beiden Enden so gelagert, daß der Drillwinkel und das auf die Minimumachse des Stabquerschnittes bezogene Biegemoment verschwindet, dann muß an den Stellen $x = 0$ und $x = l$ offenbar $\vartheta = 0$ und $M = 0$ sein; wegen (B 3) und (B 4) können wir hierfür auch $\vartheta = 0$ und $\frac{d^2 y}{d x^2} = 0$ oder, wenn wir die erste Zeile von (B 5) beachten, auch

(B 7) $$\begin{cases} x = 0, & \vartheta = 0 \quad \text{und} \quad \frac{d^2 \vartheta}{d x^2} = 0 \\ x = l, & \vartheta = 0 \quad \text{und} \quad \frac{d^2 \vartheta}{d x^2} = 0 \end{cases}$$

schreiben. Die Lösung von (B 6), die diesen vier Randbedingungen genügt, lautet

(B 8) $$\vartheta = K \cdot \sin \frac{n \pi x}{l} \qquad n = 1, 2, 3, \ldots$$

und liefert nach ihrer Einführung in (B 6) die zur Bestimmung des Kippmomentes $\mathfrak{M}_k$ dienende „exakte" Kippbedingung

(B 9) $$BC \frac{n^4 \pi^4}{l^4} - \mathfrak{M}_k^2 \left(1 - \frac{B}{B_1}\right)\left(1 - \frac{2C}{B_1}\right) \frac{n^2 \pi^2}{l^2} - \frac{C \mathfrak{M}_k^4}{B_1^3}\left(1 - \frac{B}{B_1}\right) = 0, \qquad n = 1, 2, 3, \ldots$$

§ 2. Die Auswertung der Kippbedingung.

Vernachlässigen wir den Einfluß, den die Hauptkrümmung $\varkappa_1$ auf die Größe des Kippmomentes nimmt, denken wir uns also in (B 2) den Grenzübergang $\frac{1}{B_1} \to 0$ durchgeführt, dann geht (B 9) in die einfache Beziehung

(B 10) $$\mathfrak{M}_k = \frac{n \pi}{l} \cdot \sqrt{BC} \qquad n = 1, 2, 3, \ldots$$

über, die sich schon in den beiden klassischen Abhandlungen der Kipptheorie — den Arbeiten von Prandtl[1] und Michell[2] — vorfindet. Schärfen wir diese Lösung zu, indem wir $1/B_1$ endlich groß annehmen, aber immerhin noch derartig klein voraussetzen, daß wir den mit $1/B_1^3$ behafteten Term in (B 9) vernachlässigen dürfen, dann erhalten wir den verbesserten Wert

(B 11) $$\mathfrak{M}_k = \frac{n \pi}{l} \sqrt{BC} \cdot \frac{B_1}{\sqrt{(B_1 - B) \cdot (B_1 - 2C)}}.$$

Der Faktor $\frac{B_1}{\sqrt{(B_1 - B) \cdot (B_1 - 2C)}}$ gibt hier an, in welchem Maß der durch (B 10) festgelegte „klassische" Wert des Kippmomentes erhöht wird, wenn wir den Einfluß der Hauptkrümmung näherungsweise in Rücksicht ziehen. Wir erkennen, daß dieser Einfluß in allen jenen Fällen vernachlässigt werden darf, in denen die auf die Minimumachse des Querschnittes bezogene Biegesteifigkeit B und auch die Drillungssteifigkeit C im Vergleich zur Biegesteifigkeit B_1 des Stabes sehr klein ist und daher das Auskippen schon eintritt, bevor noch die Hauptkrümmung $\varkappa_1$ einen größeren Wert anzunehmen vermag.

Um die Brauchbarkeit der Näherungsbeziehung (B 10) und (B 11) zu überprüfen, wollen wir die exakte Kippbedingung (B 9) für einen stählernen Stab mit rechteckigem Querschnitt (vgl. Abb. 5a) auswerten. Bedeutet h die Höhe und d die Dicke des Querschnittes, dann beträgt die auf die Maximumachse bezogene Biegesteifigkeit $B_1 = \frac{E d h^3}{12}$, die auf die Minimumachse bezogene Biegesteifigkeit $B = \frac{E h d^3}{12}$ und die Drillungssteifigkeit $C = \frac{G h d^3}{3}$, so daß wir

(B 12) $$\frac{B}{B_1} = \frac{d^2}{h^2}, \qquad \frac{C}{B_1} = 1{,}543 \frac{d^2}{h^2}, \qquad BC = \frac{1{,}071}{100} \cdot \left(\frac{d}{h}\right)^6 E^2 h^8$$

erhalten. Die Kippbedingung (B 9) nimmt nach der Einführung von (B 12), wenn wir uns der Hilfsgröße

(B 13) $$\omega = \frac{\mathfrak{M}_k^2 l^2}{n^2 E^2 h^8} \qquad n = 1, 2, 3, \ldots$$

bedienen, die Form

(B 14) $$222{,}192 \left(1 - \frac{d^2}{h^2}\right) \omega^2 + 9{,}8696 \left(1 - \frac{d^2}{h^2}\right)\left(1 - 3{,}086 \frac{d^2}{h^2}\right) \cdot \omega - 1{,}0433 \frac{d^6}{h^6} = 0$$

an und liefert die in der zweiten Zeile der Zahlentafel 1 für verschiedene Seitenverhältnisse angegebenen Lösungswerte ω; in der Abb. 5b ist der Verlauf $\omega = F(d/h)$ graphisch dargestellt worden. Mit Hilfe von (B 13) können wir dann die Beziehung

(B 15) $$\mathfrak{M}_k = \sqrt{\omega} \cdot \frac{n E h^4}{l} \qquad n = 1, 2, 3, \ldots$$

---
[1] Prandtl, L.: Wie Fußnote 1, S. 12.
[2] Michell, A. G. M.: Elastic Stability of Long Beams under Transverse Forces, Philosophical Magazine, Vol. 48, S. 298 (September 1899).

Die Auswertung der Kippbedingung.

aufstellen, aus der sich für $n=1$ das der tiefsten Verzweigungsstelle zugeordnete Kippmoment $\mathfrak{M}_k$ ergibt. Bemerkenswert ist, daß derartige Verzweigungsstellen auch bei Stäben existieren, deren Querschnittsbreite durchaus nicht mehr „sehr klein" im Vergleich zur Querschnittshöhe ist.

Zahlentafel 1.

$d/h =$	0,1	0,2	0,3	0,4	0,5
$10^6 \cdot \omega =$	0,110	8,038	116,816	975,809	6041,427
$f/l =$	0,00498	0,0213	0,0547	0,1236	0,2839
$\dfrac{l}{Eh} \cdot \sigma_{max} =$	0,0199	0,0851	0,2162	0,4686	0,9327
$10^6 \cdot \omega^* =$	0,106	6,765	77,058	432,961	1651,617
$10^6 \cdot \omega^{**} =$	0,110	8,039	117,242	1018,154	9637,442

Um den im Augenblick des Auskippens zur Ausbildung gelangenden Gleichgewichtszustand zu beleuchten, wollen wir für diesen Zustand die in der Stabmitte auftretende **Durchbiegung** f und die an der Stabunterkante wirksame **Biegerandspannung** max σ berechnen. Die unter der Einwirkung des Kippmomentes $\mathfrak{M}_k$ entstehende ebene Gleichgewichtsfigur stellt, wie wir schon erwähnt haben, einen Kreisbogen der Krümmung

(B 16) $\qquad \varkappa_1 = \dfrac{\mathfrak{M}_k}{B_1} = \dfrac{12\,h}{l\,d}\sqrt{\omega}$

vor, dessen Pfeilverhältnis f/l durch die geometrische Beziehung

(B 17) $\qquad \begin{cases} \dfrac{f}{l} - \dfrac{\varkappa_1}{2\,l}\left(\dfrac{l^2}{4} + f^2\right) \equiv \dfrac{f}{l} - \\ \quad - \dfrac{6\,h}{d}\sqrt{\omega}\left(\dfrac{1}{4} + \dfrac{f^2}{l^2}\right) = 0 \end{cases}$

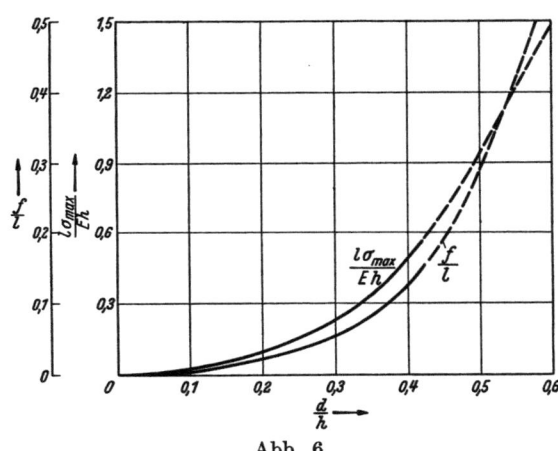

Abb. 6.

festgelegt wird. Ermitteln wir mit Hilfe dieser Gleichung die Werte f/l für verschiedene Seitenverhältnisse d/h, dann gelangen wir zu der in Abb. 6 gezeichneten Kurve $f/l = F_1(d/h)$ und zu den in der dritten Zeile der Zahlentafel 1 angegebenen Zahlenwerten, die uns erkennen lassen, daß die im Augenblick des Auskippens vorhandene lotrechte Durchbiegung des Stabes im Fall $d/h = 0,4$ mehr als 12% und im Fall $d/h = 0,5$ schon mehr als 28% der Stablänge beträgt.

Die im Augenblick des Auskippens auftretende Biegerandspannung des Stabes läßt sich mit Hilfe der Beziehung

(B 18) $\qquad \max \sigma = \dfrac{6\,\mathfrak{M}_k}{d\,h^2} = \dfrac{E\,h}{l} \cdot \dfrac{6\,h}{d}\sqrt{\omega}$

berechnen, die uns zu der in Abb. 6 dargestellten Kurve $\dfrac{l\,\sigma_{max}}{E\,h} = F_2(d/h)$ und den in der vierten Zeile der Zahlentafel 1 angegebenen Zahlenwerten führt. Diese Zahlenwerte lehren, daß die kritische Biegespannung mit dem Seitenverhältnis d/h des Stabquerschnittes sehr stark ansteigt und daher bei Stäben, die aus technischen Werkstoffen bestehen, die **Geltungsgrenze des der Theorie zugrunde liegenden Hookeschen Formänderungsgesetzes und damit die Geltungsgrenze der ganzen Theorie sehr bald überschreiten.** Selbst wenn für das Seitenverhältnis der kleine Wert $d/h = 1/10$ und für die Querschnittshöhe bloß $h = l/20$ gewählt wird, ergibt sich mit Hilfe der Zahlentafel 1 und der Beziehung (B 18) ein Spannungswert max $\sigma = 0,0199\,\dfrac{E}{20} = 2,09$ t/cm², der schon ein wenig größer als die Proportionalitätsgrenze des Baustahles St 37 ist.

Würden wir an Stelle der strengen Kippbedingung (B 14) die „klassische" Kippbedingung (B 10) als maßgebend ansehen, dann würden wir mit Hilfe von (B 12) und (B 13) die Beziehung

(B 19) $$\omega^* = \frac{1{,}071\,\pi^2}{100} \cdot \frac{d^6}{h^6}$$

erhalten, aus der sich die in der fünften Zeile der Zahlentafel 1 zusammengestellten Werte ergeben. Diese Lösungswerte sind, wie wir erkennen, grundsätzlich zu klein, und zwar ist die Abweichung um so ausgeprägter, je mehr sich der Stab im Augenblick des Auskippens durchbiegt, je größer also der kritische Betrag seiner Hauptkrümmung ist; die Abweichungen sind verhältnismäßig stark, denn selbst im Fall $d/h = 0{,}2$, in welchem die kritische Durchbiegung erst $f = 0{,}0213\,l$ beträgt, müßten wir den klassischen Wert ω^* schon um volle 19% erhöhen, um zu dem strengen Lösungswert ω zu gelangen. Würden wir jedoch an Stelle der „klassischen" Formel die zugeschärfte Näherungsbeziehung (B 11) verwenden, dann würden wir nach Beachtung von (B 12), (B 13) und (B 19) die Gleichung

(B 20) $$\omega^{**} = \frac{\omega^*}{\left(1 - \frac{d^2}{h^2}\right) \cdot \left(1 - 3{,}086\,\frac{d^2}{h^2}\right)}$$

gewinnen, die zu den in der sechsten Zeile der Zahlentafel 1 angegebenen Lösungswerten führt. Die Übereinstimmung dieser Näherungswerte mit den strengen Ergebnissen ist, wie wir sehen, eine sehr befriedigende; selbst im Fall $d/h = 0{,}4$, in welchem die kritische Durchbiegung schon den relativ sehr großen Betrag $f = 0{,}1236\,l$ annimmt, weicht ω^{**} bloß um 4% vom strengen Lösungswert ω ab.

Die Feststellung, daß die den Einfluß der „endlich großen Hauptkrümmung $\varkappa_1$" vernachlässigende Kipptheorie zu kleine Kipplasten liefert, gilt offenbar nicht nur in dem hier untersuchten Fall der reinen Biegungsbeanspruchung, sondern ebenso auch bei beliebiger Querbelastung — und nicht nur in dem hier behandelten Fall des „flanschlosen" Stabes, sondern ebenso auch im Rahmen der Kippuntersuchung von I-Trägern. In allen diesen Fällen müssen wir die von der vereinfachten Theorie angegebenen Kipplastwerte ein wenig vergrößern, wenn wir dem Einfluß der „endlich großen Hauptkrümmung" Rechnung tragen wollen. Diese Erhöhung der Kipplastwerte können wir am zweckmäßigsten dadurch erreichen, daß wir an Stelle der tatsächlich vorhandenen Biegesteifigkeit B eine ideelle, etwas größere Biegesteifigkeit $B_{\mathrm{id}} > B$ in die Kippbedingung einführen, wobei es naheliegend erscheint, die Beziehung für B_{id} unter Zugrundelegung der in diesem Abschnitt entwickelten strengen Sonderlösung festzulegen. Bedienen wir uns hierbei der Gleichung (B 11) — deren Lösungsergebnisse mit den strengen Werten, wie wir gesehen haben, in sehr guter Übereinstimmung stehen — und schreiben wir für die linke Seite dieser Gleichung

(B 21) $$\mathfrak{M}_k = \frac{n\,\pi}{l} \cdot \sqrt{B_{\mathrm{id}} \cdot C}, \qquad n = 1, 2, 3, \ldots$$

dann erhalten wir die gesuchte Beziehung in der Form

(B 22) $$B_{\mathrm{id}} = B \cdot \frac{B_1}{B_1 - B} \cdot \frac{B_1}{B_1 - 2\,C},$$

wobei B_1 nach wie vor die auf die Maximumachse des Querschnittes (vgl. Abb. 1b) bezogene Biegesteifigkeit, B die auf die Minimumachse bezogene Biegesteifigkeit und C die Drillungssteifigkeit des Trägers bedeutet.

Die in den nächsten Abschnitten untersuchten Kipp-Probleme werden ausnahmslos unter Zugrundelegung der im Abschnitt A abgeleiteten, den Einfluß der „endlich großen Hauptkrümmung" vernachlässigenden Differentialgleichung der Lösung zugeführt; die gewonnenen Kipplastwerte sind daher grundsätzlich zu klein, wenn auch dem Fehler im Rahmen der baupraktischen Anwendungen keinerlei Bedeutung zukommt. In allen diesen Fällen können wir dem Ergebnis der exakten Theorie dadurch näher kommen, daß wir in die gefundenen Kippbedingungen an Stelle der tatsächlich vorhandenen Biegesteifigkeit B den mit Hilfe von (B 22) ermittelten ideellen Wert $B_{\mathrm{id}} > B$ einsetzen.

Ist die Drillungssteifigkeit des Trägers im Vergleich zur Biegesteifigkeit B_1 sehr klein, so daß $\frac{B_1}{B_1-2C} \approx 1$ beträgt, dann geht (B 22) in die einfache Beziehung

(B 23) $$B_{\mathrm{id}} = B \cdot \frac{B_1}{B_1-B} = B \cdot \frac{J_{\max}}{J_{\max}-J_{\min}}$$

über. Die Beziehung (B 23) und der Vorschlag, den Einfluß der Hauptkrümmung durch die Einführung einer ideellen Biegesteifigkeit zu kompensieren, findet sich schon in der klassischen Abhandlung von Prandtl[1] vor.

C. Das Auskippen eines auf Druck und reine Biegung beanspruchten I-Trägers mit elastisch eingespannten Enden.

§ 1. Die Differentialgleichung des Problems.

Wir untersuchen die Kippstabilität eines geraden Trägers, der an seinen Enden durch gegengleiche Momente $\mathfrak{M}$ und eine mittig angreifende axiale Druckkraft D belastet wird (Abb. 7). Besitzt dieser Träger eine konstante Flanschenachsen-Entfernung $h = \text{const}$, dann ist die Differentialgleichung (A 27) maßgebend, für die wir nach Einführung von $M_1 = \text{const} = \mathfrak{M}$, $p = 0$ und $S = -D$

(C 1) $$\frac{d^2}{d\xi^2}\left\{BC\left[\beta\left(\vartheta'''' + 2\frac{B'_{\mathrm{Fl}}}{B_{\mathrm{Fl}}}\vartheta''' + \frac{B''_{\mathrm{Fl}}}{B_{\mathrm{Fl}}}\vartheta''\right) - \vartheta'' - \frac{C'}{C}\vartheta' - \frac{\mathfrak{M}^2 l^2}{BC}\vartheta\right]\right\} +$$
$$+ Dl^2 C\left[\beta\left(\vartheta'''' + 2\frac{B'_{\mathrm{Fl}}}{B_{\mathrm{Fl}}}\vartheta''' + \frac{B''_{\mathrm{Fl}}}{B_{\mathrm{Fl}}}\vartheta''\right) - \vartheta'' - \frac{C'}{C}\vartheta'\right] = 0$$

schreiben können; die Striche bedeuten hierbei, wie wir in Erinnerung bringen wollen, Ableitungen nach der dimensionslosen Zahl $\xi = \frac{x}{l}$ (es ist also $\vartheta'''' \equiv \frac{d^4\vartheta}{d\xi^4}$, $B'_{\mathrm{Fl}} \equiv \frac{dB_{\mathrm{Fl}}}{d\xi}$ usw.) und die Hilfsgröße β wird durch (A 28) festgelegt.

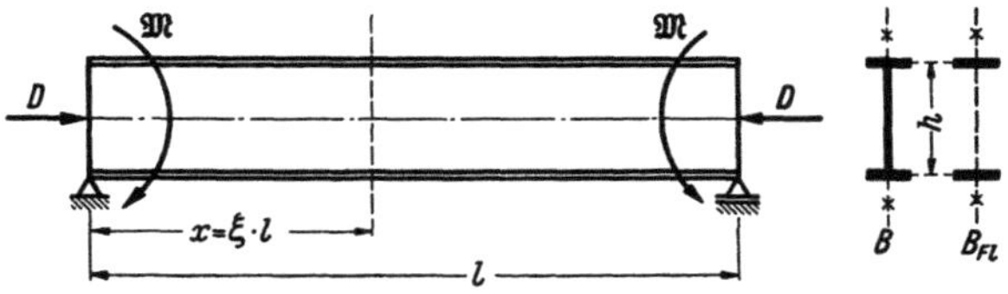

Im weiteren soll vorausgesetzt werden, daß der Trägerquerschnitt ein konstanter Querschnitt ist; es gilt dann

(C 2) $$\begin{cases} B = \text{const}, & B_{\mathrm{Fl}} = \text{const}, \\ C = \text{const}, & B'_{\mathrm{Fl}} = B''_{\mathrm{Fl}} = C' = 0, \end{cases}$$

so daß (C 1) die einfache Form

Abb. 7.

(C 3) $$\beta\vartheta'''''' - \left(1 - \beta\frac{Dl^2}{B}\right)\cdot\vartheta'''' - \left(\frac{\mathfrak{M}^2 l^2}{BC} + \frac{Dl^2}{B}\right)\vartheta'' = 0$$

annimmt und die Hilfsgröße

(C 4) $$\beta = \frac{B_{\mathrm{Fl}}}{C}\cdot\left(\frac{h}{2l}\right)^2$$

eine Konstante wird. Die allgemeine Lösung dieser linearen, homogenen Differentialgleichung lautet bekanntlich

(C 5) $\vartheta = K_1 \sin\sqrt{k_1}\,\xi + K_2 \sin\sqrt{k_2}\,\xi + K_3\,\xi + K_4 \cos\sqrt{k_1}\,\xi + K_5 \cos\sqrt{k_2}\,\xi + K_6,$

wobei K_1 bis K_6 die durch die sechs vorzuschreibenden Randbedingungen festgelegten Integrationskonstanten sind und k_1, k_2 die beiden Wurzeln der „charakteristischen Gleichung"

(C 6) $$\beta k^2 + \left(1 - \beta\frac{Dl^2}{B}\right)k - \left(\frac{\mathfrak{M}^2 l^2}{BC} + \frac{Dl^2}{B}\right) = 0$$

vorstellen.

---
[1] Prandtl, L.: Wie Fußnote 1, S. 12.

18 Das Auskippen eines auf Druck und reine Biegung beanspruchten I-Trägers mit elastisch eingespannten Enden.

§ 2. Die Randbedingungen.

Der Träger sei beiderseits in „Gabeln" (vgl. Abb. 2 und 16c) gelagert, die seine Verdrillung an den Stellen $x=0$ und $x=l$ restlos verhindern. Außerdem sei er an beiden Enden mit irgendwelchen elastischen Nachbarkonstruktionen so verbunden, daß er in **waagerechter Richtung** eine Einspannung erfährt, und zwar eine sog. „elastische" Einspannung, bei der die Größe des entstehenden Einspannmomentes dem auftretenden Endverdrehungswinkel verhältnistreu ist. Derartige Einspannungen könnten beispielsweise durch Nachbarträger bewirkt werden, die mit Bezug auf ihre seitliche Biegesteifigkeit und ihre Stützweite so bemessen sind, daß sie die gewünschten Grade der elastischen Einspannung hervorbringen. Wenn wir verhindern wollen, daß im Zuge der Auskippung von diesen Nachbarträgern auch **lotrechte** Einspannmomente übertragen werden, dann müssen wir den Trägeranschluß mit Hilfe waagerecht liegender Gelenkbolzen (vgl. dazu Abb. 14c) durchführen.

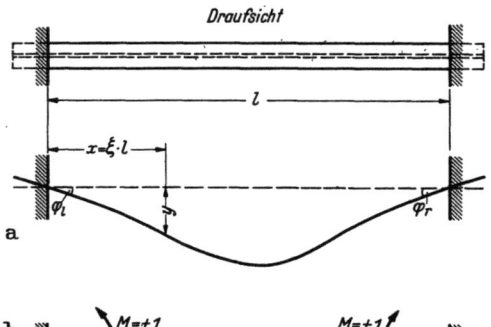

Abb. 8.

Gelangt der Träger unter der Einwirkung von $\mathfrak{M}$ und D an die gesuchte Verzweigungsstelle des Gleichgewichtes, dann existiert — wie wir im Abschnitt A geschildert haben — unter derselben Laststufe außer der ebenen (in der lotrechten Symmetrieebene des Trägers gelegenen) Gleichgewichtsfigur noch eine **infinitesimal ausgekippte** Gleichgewichtsfigur, die durch das Auftreten von unendlich kleinen Verdrillungen ϑ und unendlich kleinen, auf der Minimumachse des Trägerquerschnittes senkrecht stehenden Ausbiegungen y gekennzeichnet ist. In Abb. 8a ist eine Draufsicht auf diese ausgekippte Gleichgewichtsfigur in affiner Verzerrung dargestellt worden; an den beiden Trägerenden — dem rechten und dem linken — treten hier waagerechte Verdrehungswinkel

(C 7) $$\varphi_r = -\frac{dy}{dx}\Big|_{x=l}, \qquad \varphi_l = +\frac{dy}{dx}\Big|_{x=0}$$

und waagerechte (um die lotrecht gestellte Minimumachse des Trägerquerschnittes drehende) Biegemomente M auf, für die wir mit Rücksicht auf (A 6) und (A 7)

(C 8) $$M_r = -B\frac{d^2y}{dx^2}\Big|_{x=l}, \qquad M_l = -B\frac{d^2y}{dx^2}\Big|_{x=0}$$

schreiben können.

Um den Grad der elastischen Einspannung festzulegen, denken wir uns an Stelle des ganzen Trägers nur je ein **kurzes, starres** Trägerstück mit der rechten und linken Nachbarkonstruktion verbunden, belasten diese beiden Trägerstücke mit je $M = +1$ und messen die entstehenden Verdrehungswinkel τ_r, $\tau_l = c \cdot \tau_r$ (Abb. 8b); die Reziprokwerte

(C 9) $$\frac{1}{\tau_r} \quad \text{und} \quad \frac{1}{\tau_l} \equiv \frac{1}{c \cdot \tau_r}$$

dieser Winkel liefern uns das Maß für den Einspanngrad. Der Grenzwert $1/\tau = \infty$ ist dem Grenzfall der starren Einspannung und der Grenzwert $1/\tau = 0$ dem Grenzfall der gelenkigen Lagerung des Trägerendes zugeordnet; $c = 1$ bedeutet den Fall einer gleich starken Einspannung, $c \neq 1$ hingegen den Fall einer verschieden starken Einspannung der beiden Enden.

Die am linken und rechten Trägerende vorhandenen negativen Biegemomente haben, da $M = +1$ die Verdrehungen τ_l und τ_r hervorbringt, das Auftreten der Endverdrehungswinkel

(C 10) $$\begin{cases} \varphi_l = -M_l \cdot \tau_l = -M_l\, c\, \tau_r \\ \varphi_r = -M_r \cdot \tau_r, \end{cases}$$

Die Randbedingungen.

zur Folge; da die Winkel φ_l, φ_r mit den in Abb. 8a eingetragenen Endverdrehungswinkeln identisch sind, können wir (C 7) und (C 8) in (C 10) einsetzen und diese beiden Beziehungen in der Form

$$(C\,11) \quad \begin{cases} +\dfrac{dy}{dx}\bigg|_{x=0} = +B\,c\,\tau_r \dfrac{d^2 y}{dx^2}\bigg|_{x=0} \\ -\dfrac{dy}{dx}\bigg|_{x=l} = +B\,\tau_r \dfrac{d^2 y}{dx^2}\bigg|_{x=l} \end{cases}$$

schreiben. Wählen wir nun an Stelle von x die dimensionslose Zahl $\xi = x/l$ als unabhängige Veränderliche und bezeichnen wir die Ableitungen nach ξ in gewohnter Weise durch Striche, dann erhalten wir für (C 11)

$$(C\,12) \quad \begin{cases} \xi = 0, & y' - a\,c\,y'' = 0 \\ \xi = 1, & y' + a\,y'' = 0, \end{cases}$$

wobei

$$(C\,13) \quad a = \frac{B \cdot \tau_r}{l}$$

bedeutet.

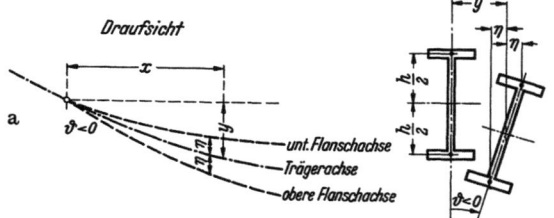

Die Gleichungen (C 12) stellen zwei von den sechs Randbedingungen dar, die wir der allgemeinen Lösung (C 5) aufzuerlegen haben. Zwei weitere von diesen Randbedingungen bringen das Verschwinden des Drillwinkels zum Ausdruck und lauten

$$(C\,14) \quad \begin{cases} \xi = 0, & \vartheta = 0 \\ \xi = 1, & \vartheta = 0, \end{cases}$$

während die beiden letzten auf die „Verwölbung der Querschnittsebenen" Bezug nehmen und auf Grund der folgenden Überlegungen bestimmt werden:

Wird der Träger an der untersuchten Verzweigungsstelle des Gleichgewichtes beim Übergang von der ebenen zur infinitesimal ausgekippten Gleichgewichtslage um den unendlich kleinen Betrag ϑ verdrillt und wird seine Achse in der Richtung senkrecht zur Querschnittsminimumachse um den unendlich kleinen Betrag y ausgebogen,

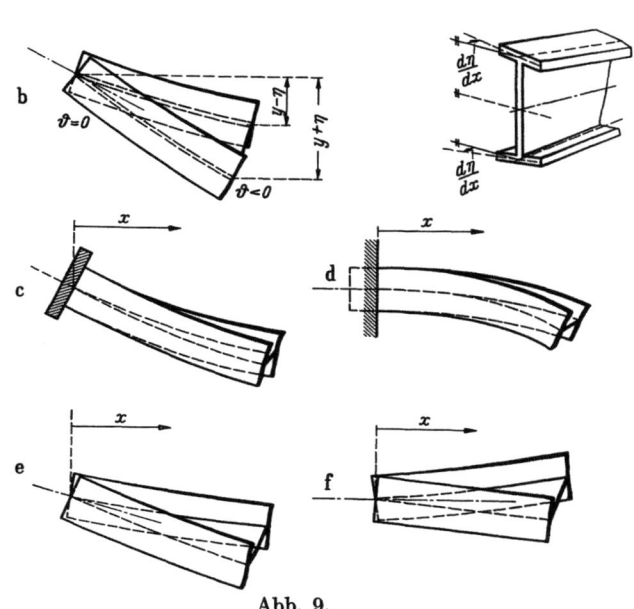

Abb. 9.

dann erfahren die beiden Flanschachsen — wie die Abb. 9a lehrt — die Ausbiegungen

$$(C\,15) \quad (y \pm \eta) = \left(y \pm \frac{h}{2}\vartheta\right).$$

An den Enden des Trägers, wo mit Rücksicht auf die gewählte Lagerungsweise y und ϑ und daher auch $(y \pm \eta)$ verschwindet, wird somit die durch den Ausdruck

$$(C\,16) \quad \frac{d}{dx}(y \pm \eta) = \frac{dy}{dx} \pm \frac{d\eta}{dx}$$

festgelegte Endtangentenneigung der beiden Flanschachsen um den Betrag

$$(C\,17) \quad \pm \frac{d\eta}{dx} = \pm \frac{h}{2} \cdot \frac{d\vartheta}{dx}$$

von der Endtangentenneigung der Trägerachse unterschieden sein. Die Verschiedenheit der Tangentenneigungswinkel bewirkt eine Verwölbung der Endquerschnittsebenen (vgl. Abb. 9b), die um so stärker ausgeprägt ist, je größer sich $d\eta/dx$ ergibt. Würden wir diese Verwölbung durch das Aufschweißen einer starren Platte verhindern (Abb. 9c), dann würden wir das Parallellaufen der drei Endtangenten und damit die Erfüllung der Gleichung $d\eta/dx = 0$ gewaltsam erzwingen. Würden wir hingegen die Verwölbung der Stirnflächen zwanglos zulassen (Abb. 9e), dann würden sich die beiden Flanschachsen so einstellen, daß die Normalspannungen in den Endquerschnitten der Flanschen auf Null absinken und dementsprechend auch die Flanschbiegemomente M_{Fl} verschwinden; da dies — wie wir aus der Gleichung (A 9) ersehen — nur dann der Fall ist, wenn der Differentialquotient $\frac{d^2\eta}{dx^2}$ gleich Null wird, ist am Ort einer frei verwölbbaren Endquerschnittsfläche die Gleichung $\frac{d^2\eta}{dx^2} = 0$ erfüllt. Beachten wir noch, daß $\eta = \pm \frac{h}{2}\vartheta$ und $x = \xi l$ ist, dann nimmt die Randbedingung im Fall einer **restlos verhinderten Stirnflächenverwölbung** die Form

(C 18) $$\vartheta' \equiv \frac{d\vartheta}{d\xi} = 0$$

und im Fall einer **frei zugelassenen Stirnflächenverwölbung** die Form

(C 19) $$\vartheta'' \equiv \frac{d^2\vartheta}{d\xi^2} = 0$$

an.

Diese Randbedingungen sind — wie wir betonen wollen — von den Randbedingungen, die wir der Trägerachse auferlegen, vollkommen unabhängig und beziehen sich ausschließlich auf den Unterschied der Verdrehungen, die die Endtangenten der beiden Flanschachsen und die Endtangenten der Trägerachse im Zuge des Auskippens erfahren. Würden wir den Träger an seinem Ende beispielsweise in eine starre Masse einbetten, dann wäre die Verdrillung des Trägers, die Verdrehung seiner Achsentangente und auch die Verwölbung der Querschnittsebene an dieser Stelle restlos verhindert, so daß sich für die drei Randbedingungen $\vartheta = 0$, $y' = 0$, $\vartheta' = 0$ ergibt (Abb. 9d); würden wir hingegen nur die Verdrillung und die Endtangentenverdrehung verhindern, die Stirnflächenverwölbung aber — was sich allerdings schwer realisieren ließe — ungehindert zulassen, dann würden die Randbedingungen $\vartheta = 0$, $y' = 0$, $\vartheta'' = 0$ in Geltung stehen (Abb. 9f).

Ist der Träger an seinen Enden elastisch eingespannt und dürfen wir annehmen, daß die Querschnittsverwölbung durch diese Einspannung weder restlos verhindert, noch frei zugelassen wird, dann erscheint es naheliegend, für den Verlauf der zusätzlichen Ausbiegungen der Flanschachsen dieselben Randbedingungen wie für die Ausbiegungen der Trägerachse vorzuschreiben; in Analogie zu den Randbedingungen (C 12) erhalten wir dann

(C 20) $$\begin{cases} \xi = 0, & \eta' - ac\,\eta'' = 0 \\ \xi = 1, & \eta' + a\,\eta'' = 0, \end{cases}$$

oder, da $\eta = \frac{h}{2}\vartheta$ und $h = \text{const}$ ist, auch

(C 21) $$\begin{cases} \xi = 0, & \vartheta' - ac\,\vartheta'' = 0 \\ \xi = 1, & \vartheta' + a\,\vartheta'' = 0. \end{cases}$$

Im Grenzfall der starren Einspannung ($a = 0$) gehen diese Randbedingungen — wie es der Einbettung in eine starre Masse entspricht — in die Randbedingungen (C 18) über, und im Grenzfall der gelenkigen Lagerung ($1/a = 0$) nehmen sie die Form (C 19) an. Wir haben damit auch die beiden letzten der sechs Randbedingungen festgelegt und können nun für diese sechs Randbedingungen zusammenfassend

(C 22) $$\begin{cases} \xi = 0, & y' - ac\,y'' = 0 \\ \xi = 1, & y' + a\,y'' = 0 \\ \xi = 0, & \vartheta = 0 \\ \xi = 1, & \vartheta = 0 \\ \xi = 0, & \vartheta' - ac\,\vartheta'' = 0 \\ \xi = 1, & \vartheta' + a\,\vartheta'' = 0 \end{cases}$$

Die Randbedingungen.

schreiben, wobei — wie wir nochmals erwähnen wollen — die Striche Ableitungen nach der dimensionslosen Zahl $\xi = x/l$ bedeuten und die Hilfgrößen a und c durch die Beziehungen (C 9) und (C 13) bestimmt sind.

Da sich die allgemeine Lösung (C 5) unserer Differentialgleichung auf den Drillwinkel ϑ bezieht, in den beiden ersten Gleichungszeilen von (C 22) aber nicht ϑ, sondern die auf der Querschnittsminimumachse senkrecht stehende Ausbiegung y vorkommt, müssen wir diese beiden Gleichungszeilen noch einer Umformung unterziehen. Um den funktionalen Zusammenhang zwischen y und ϑ herzustellen, gehen wir von der zweiten der drei Gleichgewichtsbedingungen (A 5) aus, die mit Rücksicht auf (A 7)

(C 23) $$\frac{d^2 y}{d x^2} = -\frac{1}{\mathfrak{M}} \cdot \frac{d M_D}{d x}$$

lautet und nach einmaliger Integration in die Gleichung

(C 24) $$\frac{d y}{d x} = -\frac{1}{\mathfrak{M}} \cdot M_D - \frac{K^*}{l}$$

übergeht; K^* stellt hierbei eine Integrationskonstante vor. Setzen wir für das in dieser Gleichung auftretende Drillmoment die Beziehung

(C 25) $$M_D = C \frac{d\vartheta}{d x} - \frac{B_{\mathrm{Fl}} h^2}{4} \cdot \frac{d^3 \vartheta}{d x^3}$$

ein, die sich aus (A 11) für einen Träger konstanten Querschnittes ergibt, dann erhalten wir nach einer neuerlichen Integration

(C 26) $$y = -\frac{C}{\mathfrak{M}} \cdot (\vartheta - \beta \vartheta'') - K^* \cdot \xi - K^{**},$$

wobei die Striche Ableitungen nach $\xi = x/l$ bedeuten und die Hilfsgröße β durch (C 4) bestimmt wird. Die beiden Integrationskonstanten K^* und K^{**} werden durch die beiden Randbedingungen

(C 27) $$\begin{cases} \xi = 0, & y = 0 \\ \xi = 1, & y = 0 \end{cases}$$

festgelegt, die — wenn wir (C 26) einführen, (C 14) beachten und für ϑ'' den aus (C 5) gewonnenen Ausdruck verwenden — die Beziehungen

(C 28) $$\begin{cases} K^* = +\dfrac{\beta C}{\mathfrak{M}}(K_4 k_1 + K_5 k_2 - K_1 k_1 \sin\sqrt{k_1} - K_2 k_2 \sin\sqrt{k_2} - \\ \qquad\qquad - K_4 k_1 \cos\sqrt{k_1} - K_5 k_2 \cos\sqrt{k_2}) = +\dfrac{\beta C}{\mathfrak{M}} \cdot \overline{K}, \\ K^{**} = -\dfrac{\beta C}{\mathfrak{M}}(K_4 k_1 + K_5 k_2) \end{cases}$$

liefern. Durch diese Beziehungen wird K^* und K^{**} auf die in der allgemeinen Lösung (C 5) auftretenden Integrationskonstanten zurückgeführt und der gesuchte funktionale Zusammenhang zwischen der Ausbiegung y und dem Drillwinkel ϑ hergestellt.

Führen wir (C 28) in (C 26) und hierauf (C 26) in die beiden ersten Gleichungszeilen von (C 22) ein, dann gelangen wir zu den Gleichungen

(C 29) $$\begin{cases} \xi = 0, & \vartheta' - \beta \vartheta''' + \beta \overline{K} - a c \vartheta'' + a c \beta \vartheta'''' = 0 \\ \xi = 1, & \vartheta' - \beta \vartheta''' + \beta \overline{K} + a \vartheta'' - a \beta \vartheta'''' = 0, \end{cases}$$

die sich mit Rücksicht auf die beiden letzten Zeilen von (C 22) allerdings noch vereinfachen lassen. Nach Beachtung dieser Vereinfachung nehmen die sechs Randbedingungen die Form

(C 30) $$\begin{cases} \xi = 0, & a c \vartheta'''' - \vartheta''' + \overline{K} = 0 \\ \xi = 1, & a \vartheta'''' + \vartheta''' - \overline{K} = 0 \\ \xi = 0, & \vartheta = 0 \\ \xi = 1, & \vartheta = 0 \\ \xi = 0, & a c \vartheta'' - \vartheta' = 0 \\ \xi = 1, & a \vartheta'' + \vartheta' = 0 \end{cases}$$

an, wobei der Festwert $\bar{K}$ durch (C 28) bestimmt wird und die zur Kennzeichnung der elastischen Einspannung dienenden Hilfsgrößen a und c durch die Beziehungen (C 9) und (C 13) festgelegt werden.

§ 3. Die Kippbedingung.

Setzen wir die allgemeine Lösung (C 5) in die Randbedingungsgleichungen (C 30) ein, dann erhalten wir ein System von sechs in den Integrationskonstanten K_1 bis K_6 linearen und homogenen Gleichungen, das nur dann eine von der trivialen Nullösung (alle $K = 0$, daher $\vartheta \equiv 0$) verschiedene Lösung besitzt, wenn seine Koeffizientendeterminante Δ_K verschwindet. Durch Ausrechnen und Nullsetzen von Δ_K läßt sich zeigen, daß dies der Fall ist, wenn eine der beiden Wurzeln der charakteristischen Gleichung (C 6) — entweder k_1 oder k_2 — die transzendente Gleichung

(C 31) $\quad a^2 c k \sqrt{k} \sin \sqrt{k} - a(1+c) \sqrt{k} \left(\sqrt{k} \cos \sqrt{k} - \sin \sqrt{k}\right) + \left[2\left(1 - \cos \sqrt{k}\right) - \sqrt{k} \sin \sqrt{k}\right] = 0$

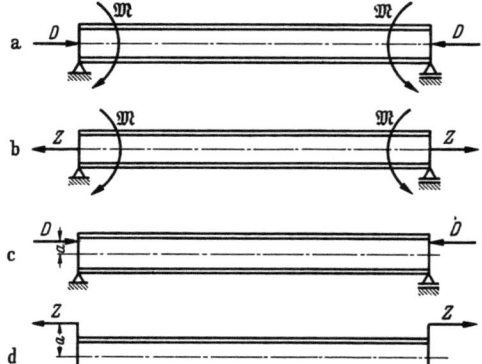

Abb. 10.

erfüllt. Die Gleichung (C 31) stellt somit die gesuchte Kippbedingung vor; die Hilfsgrößen a und c sind hierbei, wie wir nochmals in Erinnerung bringen wollen, durch die Beziehungen

(C 32) $\quad a = \dfrac{B \tau_r}{l}, \quad c = \dfrac{\tau_l}{\tau_r}$

bestimmt und dienen zur Kennzeichnung der elastischen Einspannung.

Da der aus der transzendenten Kippbedingung (C 31) gewonnene Lösungswert k eine der beiden Wurzeln von (C 6) sein soll, ist (C 6) nach Einführung von k sicher erfüllt. Wir gelangen mit Hilfe dieser Gleichung zur Kippbelastung des Trägers, müssen hierbei aber hinsichtlich der Formulierung des Problems — wie wir schon im Abschnitt A geschildert haben — verschiedene Fälle unterscheiden, von denen wir die drei folgenden herausgreifen wollen:

Fall I. Gegeben ist die axiale Druckkraft D, gesucht ist jener kritische Sonderwert der gegengleichen Endmomente, unter dem eine Verzweigungsstelle des Gleichgewichtes erreicht wird und der Träger seitlich auszukippen beginnt (Abb. 10a). Lösen wir (C 6) nach $\mathfrak{M}$ auf, dann erhalten wir die Beziehung

(C 33) $\quad \mathfrak{M}_k = \sqrt{k} \cdot \dfrac{\sqrt{BC}}{l} \cdot \sqrt{1 + k\beta} \cdot \sqrt{1 - \dfrac{D l^2}{k B}}, \quad \beta = \dfrac{B_{\text{Fl}}}{C}\left(\dfrac{h}{2l}\right)^2,$

wobei B die auf die Minimumachse des Trägerquerschnittes bezogene Biegesteifigkeit des Trägers, B_{Fl} die auf diese Achse bezogene Biegesteifigkeit des Flanschenpaares, C die Drillungssteifigkeit des Trägers, h die Flanschachsenentfernung und l die Trägerlänge bedeutet. Ist die vorgegebene Axialkraft keine Druckkraft, sondern eine Zugkraft (Abb. 10b), dann ist D durch $Z = -D$ zu ersetzen. Für k ist der aus der transzendenten Kippbedingung (C 31) gewonnene Lösungswert einzuführen.

Fall II. Gegeben sind die gegengleichen Endmomente $\mathfrak{M}$, gesucht ist jener kritische Sonderwert der Druckkraft D, unter dem eine Verzweigungsstelle des Gleichgewichtes erreicht wird und der Träger seitlich auszukippen beginnt (Abb. 10a). Lösen wir (C 6) nach D auf, dann ergibt sich

(C 34) $\quad D_k = \dfrac{k B}{l^2} - \dfrac{\mathfrak{M}^2}{C(1 + k\beta)}, \quad \beta = \dfrac{B_{\text{Fl}}}{C}\left(\dfrac{h}{2l}\right)^2,$

wobei für k der aus der Kippbedingung (C 31) ermittelte Lösungswert einzusetzen ist. Da der Wert $\mathfrak{M}$ in (C 34) nur im Quadrat auftritt, ist sein Vorzeichen ohne Einfluß auf die Größe von D_k — ein Ergebnis, das mit Rücksicht auf die vorausgesetzte Symmetrie zu erwarten war.

Die Kippbedingung.

Fall III. Die gegengleichen Endmomente $\mathfrak{M}$ sind mit der Druckkraft D durch die Beziehung $\mathfrak{M} = D \cdot a$ verknüpft, d. h. der Träger wird durch eine außermittig angreifende Axialkraft belastet (Abb. 10c). Gefragt ist nach jenem kritischen Sonderwert von D, unter dem eine Verzweigungsstelle des Gleichgewichtes erreicht wird und der Träger auszukippen beginnt. Die Gleichung (C 6) liefert hier

$$(C\,35) \qquad D_k = \frac{(1+k\beta)C}{2a^2} \cdot \left[\pm \sqrt{1 + \frac{kB}{l^2} \cdot \frac{4a^2}{(1+k\beta)C}} - 1 \right],$$

wobei der Angriffshebel a nur im Quadrat auftritt, so daß sein Vorzeichen ohne Einfluß auf die Größe von D_k ist. Aus (C 35) ergeben sich sowohl positive als auch negative Werte D_k und dementsprechend nicht nur kritische Druckkräfte (Abb. 10c), sondern auch kritische Zugkräfte (Abb. 10d).

Ist das Exzentrizitätsmaß a/l des Kraftangriffes sehr klein, dann darf die Quadratwurzel in (C 35) durch die drei ersten Summanden ihrer Reihenentwicklung ersetzt werden; für die kritische, im Augenblick des Auskippens vorhandene Druck- bzw. Zugkraft ergibt sich dann

$$(C\,36) \qquad \begin{cases} D_k = \dfrac{kB}{l^2} - \dfrac{k^2 B^2}{(1+k\beta)C l^2} \cdot \left(\dfrac{a}{l}\right)^2 + \cdots \\[4pt] Z_k = \dfrac{(1+k\beta)C}{a^2} + \left[\dfrac{kB}{l^2} - \dfrac{k^2 B^2}{(1+k\beta)C l^2} \cdot \left(\dfrac{a}{l}\right)^2 + \cdots \right]. \end{cases}$$

Nähert sich das Exzentrizitätsmaß a/l immer mehr der Null, dann schmiegt sich der Wert D_k immer mehr dem Sonderwert

$$(C\,37) \qquad D_k = \frac{kB}{l^2}$$

an, während Z_k über alle Grenzen anwächst.

Im Zusammenhang mit der Stetigkeit des Grenzüberganges von (C 35) nach (C 37) können wir die folgende Feststellung machen: Ist der schmale, hohe Träger durch eine achsenparallele Druckkraft D belastet, dann liegt sowohl im Fall des außermittigen Kraftangriffes als auch im Sonderfall des mittigen Kraftangriffes ein Verzweigungsproblem vor; das erstere pflegen wir als „Kipp-Problem", das letztere hingegen — da unterhalb der tiefsten Verzweigungsstelle keinerlei Biegemomente zur Geltung kommen — als „Knick-Problem" zu bezeichnen[1]. Die transzendente Bedingungsgleichung (C 31), die zur Ermittlung des Lösungswertes k dient, ist — wie schon Weinhold[2] im Rahmen einer Kippuntersuchung „flanschloser" Träger vermerkt hat — bei beiden Problemen die gleiche. Das Stabilitätsproblem der waagerechten Knickung des untersuchten, elastisch eingespannten Trägers tritt hier somit als Sonderfall unseres Kipp-Problems in Erscheinung. Dieses Stabilitätsproblem der Knickung mittig gedrückter Stäbe mit konstantem Querschnitt und elastisch eingespannten Enden ist schon allgemein gelöst worden[3]; im Rahmen der zugehörigen Untersuchungen sind auch schon die Gleichungen (C 31) und (C 37) abgeleitet und ausgewertet worden.

Haben wir die transzendente Kippbedingung (C 31) aufgelöst und die Kipplast für einen der drei geschilderten Belastungsfälle bestimmt, dann können wir den gefundenen Lösungs-

---

[1] Je mehr die axiale Druckbelastung im Vergleich zur Biegebeanspruchung überwiegt, um so mehr schmiegt sich die Instabilitätserscheinung des „Auskippens" der Instabilitätserscheinung des „ebenen Ausknickens" an. Ist der Stab so gedrungen gebaut, daß die an der Stabilitätsgrenze vorhandene mittlere Druckspannung schon in der Nähe der Proportionalitäts- und Elastizitätsgrenze des Werkstoffes liegt, dann wird das Lösungsergebnis vor allem durch die örtlichen Plastizierungen beeinflußt, die auf der Biegedruckseite durch die zusätzlichen Biegemomente bewirkt werden. Die Bedeutung der Verdrillung tritt hier mehr in den Hintergrund, so daß das Problem — das vom exakten Standpunkt nach wie vor ein „Kipp-Problem" ist — mit hinreichender Annäherung als ebenes Knickproblem behandelt werden darf. Bezüglich der theoretischen und experimentellen Untersuchung dieser Instabilitätserscheinung, die als „Knickung senkrecht zur Momentenebene" bezeichnet wird, vgl. M. Roš (Bericht der II. Int. Tgg. f. Brücken- u. Hochbau in Wien 1928, S. 289) und F. Hartmann (Knickung — Kippung — Beulung, Leipzig u. Wien 1937, S. 23).

[2] Weinhold, J.: Mitt. Hauptver. Dtsch. Ing. Tschechosl. Rep. Bd. 23 (1934) S. 294.

[3] Vgl. H. Zimmermann: Knickfestigkeit der Stabverbindungen, Berlin 1925; Die Lehre vom Knicken auf neuer Grundlage, Berlin 1930; P. Boros: Stahlbau Bd. 7 (1934) S. 10; H. W. Kaul: Luftf.-Forschg. Bd. 11 (1934) S. 53; T. Inada: Bautechn. Bd. 14 (1936) S. 458; K. Borkmann: Luftf.-Forschg. Bd. 13 (1936) S. 1 und Bd. 14 (1937) S. 86; J. Cassens: Luftf.-Forschg. Bd. 14 (1937) S. 501.

24 Das Auskippen eines auf Druck und reine Biegung beanspruchten I-Trägers mit elastisch eingespannten Enden.

wert k in das System der sechs Randbedingungsgleichungen einführen und mit Hilfe dieser Gleichungen die relative Größe der sechs Integrationskonstanten K_1 bis K_6 berechnen. Setzen wir das Ergebnis in (C 5) ein, dann sind wir in der Lage, das Verteilungsgesetz des im Augenblick des Auskippens zur Geltung kommenden Drillwinkels ϑ bis auf einen unbestimmt bleibenden (an der Stabilitätsgrenze unendlich klein zu denkenden) Faktor festzulegen und in maßstäblicher Verzerrung als „Kippfigur" darzustellen. Ist der Verlauf von ϑ bekannt, dann lassen sich mit Hilfe von (C 26), (C 25), (A 7) und (A 6) auch die Verteilungsgesetze für y, M_D, $\varkappa$ und M bis auf den erwähnten Faktor berechnen; auch diese Verteilungsgesetze vermögen die Art der Beanspruchung und Verformung des infinitesimal ausgekippten Trägers in anschaulicher Weise zu beleuchten.

§ 4. Der Träger ist mit Bezug auf die waagerechten Ausbiegungen beiderseits gelenkig gelagert.

Bei der Ableitung der allgemeinen Kippbedingung (C 31) wurde vorausgesetzt, daß der untersuchte, auf Druck und reine Biegung beanspruchte Träger mit Bezug auf die lotrechten Durchbiegungen als einfacher Balken gelagert ist, in waagerechter Richtung jedoch eine elastische Einspannung vom Grad $\frac{1}{\tau_r}$ bzw. $\frac{1}{\tau_l} \equiv \frac{1}{c\,\tau_r}$ erfährt (Abb. 8). Ist nun der Träger auch hinsichtlich der waagerechten Ausbiegungen als einfacher Balken gelagert (ist also der Einspannungsgrad an beiden Trägerenden gleich Null), dann können wir die zugeordnete Kippbedingung aus (C 31) in der Weise gewinnen, daß wir diese Gleichung vorerst durch $a^2 \cdot c$ dividieren und hierauf $c = 1$ und $1/a = 0$ setzen, wie es den Beziehungen (C 32) im Sonderfall der beidseitig gelenkigen Lagerung entspricht. Die allgemeine Kippbedingung (C 31) geht dann in

(C 36) $$k\sqrt{k} \cdot \sin\sqrt{k} = 0$$

über und besitzt die Lösung

(C 37) $$\sqrt{k} = n\pi. \qquad n = 1, 2, 3, \ldots$$

Führen wir diese Lösung in die sechs Randbedingungen ein und berechnen wir mit Hilfe dieser sechs linearen, homogenen Gleichungen die relativen Größen der Integrationskonstanten K_1 bis K_6, dann nimmt das Verteilungsgesetz (C 5) die Form

(C 38) $$\vartheta = K \cdot \sin\frac{n\pi x}{l}, \qquad n = 1, 2, 3, \ldots$$

an, wobei K einen unbestimmt bleibenden (an der Verzweigungsstelle unendlich klein zu denkenden) Faktor vorstellt; jeder Lösung (C 36) entspricht ein ganz bestimmtes Verteilungsgesetz (C 38) und damit eine ganz bestimmte „Kippfigur" (Abb. 11a).

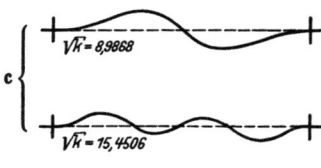

Abb. 11.

Der für die baupraktische Anwendung maßgebenden tiefsten Verzweigungsstelle des Gleichgewichtes ist die für $n = 1$ erhaltene Lösung $\sqrt{k} = \pi$ zugeordnet, die — wenn wir sie in (C 33) bis (C 36) einsetzen — zu den Beziehungen

(C 38) $$\mathfrak{M}_k = \frac{\pi\sqrt{BC}}{l} \cdot \sqrt{1 + \pi^2\beta} \cdot \sqrt{1 - \frac{Dl^2}{\pi^2 B}}, \qquad \beta = \frac{B_{Fl}}{C}\left(\frac{h}{2l}\right)^2,$$

(C 39) $$D_k = \frac{\pi^2 B}{l^2} - \frac{\mathfrak{M}^2}{C(1 + \pi^2\beta)},$$

(C 40) $$D_k = \frac{C(1 + \pi^2\beta)}{2a^2} \cdot \left[\pm\sqrt{1 + \frac{\pi^2 B}{l^2} \cdot \frac{4a^2}{C(1 + \pi^2\beta)}} - 1\right] = \frac{\pi^2 B}{l^2} - \frac{\pi^4 B^2}{(1 + \pi^2\beta)Cl^2}\left(\frac{a}{l}\right)^2 + \cdots$$

führt. Nimmt das zusätzliche Endmoment $\mathfrak{M}$ oder der Angriffshebel a der Druckkraft immer mehr ab, nähert sich also die Trägerbelastung immer mehr einer „mittigen Druckbelastung", dann geht der aus (C 39) und (C 40) erhaltene Wert D_k stetig in den Wert $D_k = \frac{\pi^2 B}{l^2}$ über; dieser Sonderwert, den wir hier aus der Lösung unseres Kipp-Problems abgeleitet haben, stellt bekanntlich die kleinste Eulersche Knicklast des an beiden Enden gelenkig gelagerten und in waagerechter Richtung ausknickenden Trägers vor.

Die Gleichung (C 38) ist für den „flanschlosen" Träger (Sonderfall $B_{Fl} = 0$, vgl. den Abschnitt F) schon von Michell[1] und für den doppelt-symmetrischen I-Träger von Timoshenko[2] abgeleitet worden; das Kipp-Problem des auf Druck und reine Biegung beanspruchten I-Trägers mit verschieden dicken Flanschen wurde, wie hier ergänzend vermerkt sei, von H. Bleich[3] einer praktisch verwendbaren Näherungslösung zugeführt.

§ 5. Der Träger ist in waagerechter Richtung beiderseits starr eingespannt.

Ist der Träger mit Bezug auf die waagerechten Ausbiegungen starr eingespannt, dann sind die Einspanngrade $1/\tau_r$ und $1/\tau_l$ unendlich groß, so daß sich für die Kennwerte (C 32) $c = 1$ und $a = 0$ ergibt. Die Kippbedingung (C 31) geht dann in

(C 41) $$2(1 - \cos\sqrt{k}) - \sqrt{k}\sin\sqrt{k} = 0$$

über und nimmt, wenn wir den halben Winkel einführen, die Form

(C 42) $$\sin\frac{\sqrt{k}}{2} \cdot \left(\sin\frac{\sqrt{k}}{2} - \frac{\sqrt{k}}{2}\cos\frac{\sqrt{k}}{2}\right) = 0$$

an. Sie zerfällt, wie wir erkennen, in die Kippbedingung

(C 43) $$\sin\frac{\sqrt{k}}{2} = 0 \quad \text{mit der Lösung} \quad \sqrt{k} = 2n\pi \qquad n = 1, 2, 3 \ldots$$

und in die Kippbedingung

(C 44) $$\left(\sin\frac{\sqrt{k}}{2} - \frac{\sqrt{k}}{2}\cos\frac{\sqrt{k}}{2}\right) = 0 \quad \text{mit der Lösung} \quad \sqrt{k} = 8{,}9868,\ 15{,}4506,\ \ldots,$$

wobei der ersteren die zur Mitte symmetrisch verlaufenden Kippfiguren (Abb. 11 b) und der letzteren die zur Mitte antimetrisch verlaufenden Kippfiguren (Abb. 11 c) zugeordnet sind; die Kippfiguren stellen hierbei, wie wir in Erinnerung bringen wollen, die maßstäblich verzerrten Verteilungsbilder des im Augenblick des Auskippens auftretenden Drillwinkels ϑ vor. Der baupraktisch maßgebenden tiefsten Verzweigungsstelle entspricht der Lösungswert $\sqrt{k} = 2\pi$, der — wenn wir ihn in (C 33) bis (C 36) einsetzen — zu den Beziehungen

(C 45) $$\mathfrak{M}_k = \frac{2\pi\sqrt{BC}}{l} \cdot \sqrt{1 + 4\pi^2\beta} \cdot \sqrt{1 - \frac{Dl^2}{4\pi^2 B}},$$

(C 46) $$D_k = \frac{4\pi^2 B}{l^2} - \frac{\mathfrak{M}^2}{C(1 + 4\pi^2\beta)},$$

und

(C 47) $$D_k = \frac{4\pi^2 B}{l^2} - \frac{16\pi^4 B^2}{(1 + 4\pi^2\beta)Cl^2} \cdot \left(\frac{a}{l}\right)^2 + \cdots$$

führt; die Formel (C 45) ist schon von Timoshenko[2] angegeben worden.

Ist der Träger nicht nur an den Enden, sondern auch in der Mitte seiner Stützweite an der Verdrillung oder der waagerechten Ausbiegung gehindert, dann ist — wie wir aus dem Vergleich der Lösungswerte $\sqrt{k}$ folgern können — nicht etwa die zweite „symmetrische" Lösung (C 43) mit der Kippfigur (Abb. 11 b), sondern die erste „antimetrische" Lösung (C 44) mit der in (Abb. 11 c) gezeichneten Kippfigur die maßgebende.

---

[1] Michell, A. G. M.: Wie Fußnote 2, S. 14.
[2] Timoshenko, S.: Ber. Polytechn. Inst. in Kiew, 1910, und Ann. Ponts Chauss., S. IX, Tom 16, 1913, Bd. IV, S. 73.
[3] Vgl. F. Bleich: Stahlhochbauten, Bd. 2, Berlin 1933, Anhang, sowie F. u. H. Bleich: Vorber. II. Int. Kongr. Brücken- u. Hochbau in Berlin 1936, S. 907.

§ 6. Der Träger ist in waagerechter Richtung am linken Ende starr eingespannt und am rechten Ende gelenkig gelagert.

Die Einspanngrade betragen hier $\frac{1}{\tau_l} \equiv \frac{1}{c\,\tau_r} = \infty$ und $\frac{1}{\tau_r} = 0$, so daß wir für die beiden Kennzahlen $a = \infty$ und $a \cdot c = 0$ erhalten. Dividieren wir die Kippbedingung (C 31) durch a und setzen wir hierauf $1/a = 0$ und $a \cdot c = 0$, dann geht sie in die Gleichung

(C 48) $\qquad (\sqrt{k} \cos \sqrt{k} - \sin \sqrt{k}) = 0 \quad$ mit den Lösungen $\sqrt{k} = 4{,}4934,\ 7{,}7253, \ldots$

über, denen die in Abb. 11d gezeichneten Kippfiguren entsprechen. Führen wir den Lösungswert $\sqrt{k} = 4{,}4934$ in (C 33) bis (C 36) ein, dann gewinnen wir die Beziehungen für die in der Baupraxis maßgebenden kleinsten Kipplastwerte.

§ 7. Der Träger ist in waagerechter Richtung am linken Ende gelenkig gelagert und am rechten Ende elastisch eingespannt.

Da der Einspanngrad $1/\tau_r$ einen endlich großen Wert besitzt und der Einspanngrad $\frac{1}{\tau_l} \equiv \frac{1}{c\,\tau_r}$ gleich Null sein soll, gilt hier $c = \infty$. Dividieren wir die Kippbedingung (C 31)

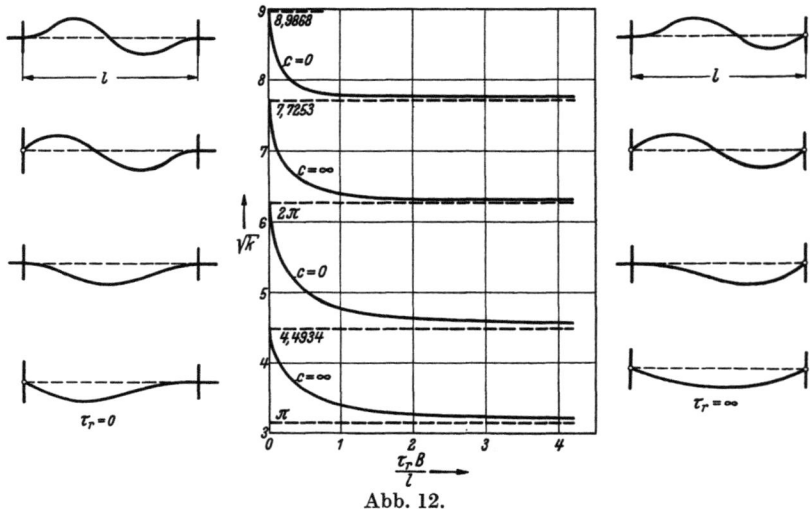

Abb. 12.

durch c und setzen wir hierauf $1/c = 0$, dann gelangen wir zur Gleichung

(C 49) $\qquad\qquad \sqrt{k} \cos \sqrt{k} - (1 + a\,k) \sin \sqrt{k} = 0.$

Gehen wir nun mit Bezug auf das rechte Trägerende allmählich vom Grenzfall der starren Einspannung ($1/\tau_r = \infty$, somit $\tau_r = 0$) zum Grenzfall der gelenkigen Lagerung ($1/\tau_r = 0$, somit $\tau_r = \infty$) über, dann nimmt die kleinste Lösung von (C 49) vom Wert $\sqrt{k} = 4{,}4934$ allmählich bis auf den Wert $\sqrt{k} = \pi$ und die erste „höhere" Lösung vom Wert $\sqrt{k} = 7{,}7253$ allmählich bis auf den Wert $\sqrt{k} = 2\pi$ ab, wie aus den beiden Kurven „$c = \infty$" in Abb. 12 zu entnehmen ist. Die diesen Lösungen zugeordneten Kippfiguren (d. s. die maßstäblich verzerrten Verteilungsbilder des im Augenblick des Auskippens auftretenden Drillwinkels ϑ) gehen hierbei stetig von der in Abb. 12 links gezeichneten Figur in die rechts dargestellte Figur über. Führen wir den gefundenen kleinsten Lösungswert $\sqrt{k}$ in (C 33) bis (C 36) ein, dann erhalten wir die Beziehungen für die baupraktisch maßgebenden Kipplastwerte.

§ 8. Der Träger ist in waagerechter Richtung am linken Ende starr und am rechten Ende elastisch eingespannt.

Da der Einspanngrad des rechten Trägerendes einen endlich großen Wert besitzt und der linke Einspanngrad $\frac{1}{\tau_l} \equiv \frac{1}{c\,\tau_r}$ unendlich groß sein soll, gilt hier $c = 0$. Die kleinste Lösung der Kippbedingung, die wir aus (C 31) durch Einsetzen von $c = 0$ gewinnen, sinkt — wenn wir mit Bezug auf das rechte Trägerende vom Grenzfall der starren Einspannung ($\tau_r = 0$) allmählich zum Grenzfall der gelenkigen Lagerung ($\tau_r = \infty$) übergehen, vom Wert $\sqrt{k} = 2\pi$ allmählich auf den Wert $\sqrt{k} = 4{,}4934$ ab, während die erste „höhere" Lösung von $\sqrt{k} = 8{,}9868$ bis auf $\sqrt{k} = 7{,}7253$ abnimmt (Kurven „$c = 0$" in Abb. 12); die diesen Lösungen zugeordneten Kippfiguren gehen hierbei stetig von der in Abb. 12 links gezeichneten Figur in die rechts dargestellte Figur über. Führen wir den für den untersuchten Träger geltenden kleinsten Lösungswert $\sqrt{k}$ in (C 33) bis (C 36) ein, dann erhalten wir die Beziehungen für die praktisch maßgebenden Kipplastwerte.

§ 9. Der Träger ist mit Bezug auf die waagerechten Ausbiegungen an beiden Enden elastisch eingespannt.

Ist der untersuchte, auf Druck und reine Biegung beanspruchte Träger an beiden Enden in waagerechter Richtung elastisch eingespannt und ist — wie wir vorerst annehmen wollen — der Einspanngrad an beiden Enden der gleiche, dann gilt $1/\tau_l = 1/\tau_r$ und daher $c = 1$. Setzen wir diese Kennzahl in die Kippbedingung (C 31) ein und gehen wir vom Grenzfall der starren

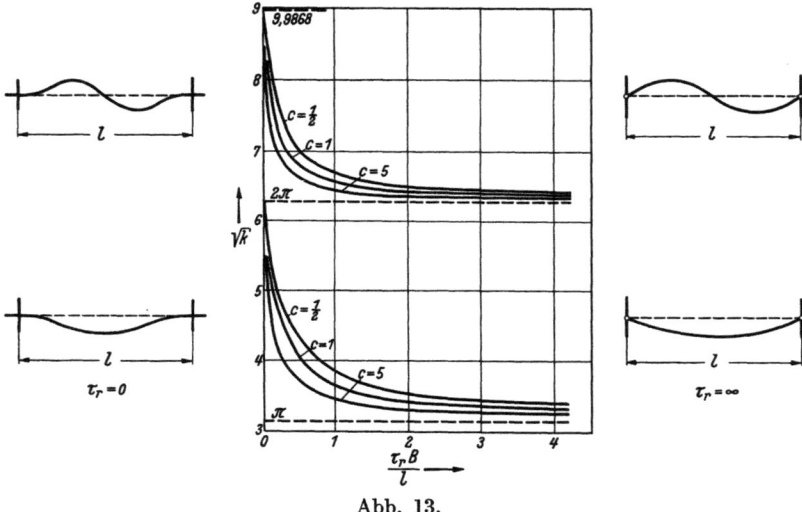

Abb. 13.

Einspannung ($\tau_l = \tau_r = 0$) allmählich zum Grenzfall der gelenkigen Lagerung ($\tau_l = \tau_r = \infty$) über, dann sinkt die kleinste Lösung von (C 31) vom Wert $\sqrt{k} = 2\pi$ allmählich auf den Wert $\sqrt{k} = \pi$ und die erste „höhere" Lösung vom Wert $\sqrt{k} = 8{,}9868$ bis auf den Wert $\sqrt{k} = 2\pi$ herunter, wie durch die beiden Kurven „$c = 1$" in Abb. 13 festgelegt wird. Die diesen Lösungen zugeordneten Kippfiguren (d. s. die maßstäblich verzerrten Darstellungen der Verteilungskurven des im Augenblick der Auskippung auftretenden Drillwinkels ϑ) gehen hierbei stetig von der in Abb. 13 links gezeichneten Figur in die rechts dargestellte Figur über. Führen wir die im untersuchten Fall in Geltung stehende Lösung in (C 33) bis (C 36) ein, dann gewinnen wir die Beziehungen für die baupraktisch maßgebenden Kipplastwerte.

Ist der Einspanngrad des linken Trägerendes grundsätzlich doppelt so groß als der des rechten Trägerendes — gilt also $\dfrac{1}{\tau_l} = 2\,\dfrac{1}{\tau_r}$ und daher $c = 1/2$ — dann besitzen die Lösungen der Kippbedingung (C 31) die gleichen Grenzwerte wie früher; sie liegen jedoch, wie die Kurven „$c = 1/2$" in der Abb. 13 erkennen lassen, ein wenig höher. Beträgt der linke Einspanngrad jeweils bloß 20% des rechten — gilt also $\dfrac{1}{\tau_l} = \dfrac{1}{5} \cdot \dfrac{1}{\tau_r}$ und daher $c = 5$ — dann liegen die Lösungen der Kippbedingung (C 31), wie die Kurven „$c = 5$" in der Abb. 13 zeigen, ein wenig tiefer als die für $c = 1$ gefundenen Lösungskurven. Die in den Abb. 12 und 13 gezeichneten

28 Das Auskippen eines auf Druck und reine Biegung beanspruchten I-Trägers mit elastisch eingespannten Enden.

Kurven finden sich zum Teil schon bei Weinhold[1] und in zwei Arbeiten über die Knickstabilität elastisch eingespannter Druckstäbe, die Boros[2] und Inada[3] zum Verfasser haben.

Wird der untersuchte, auf Druck und reine Biegung beanspruchte I-Träger an seinen Enden an der Verdrillung gehindert und an einem dieser Enden mit einem unbelasteten Nachbarträger verbunden (wobei wir den Anschluß mit Hilfe eines waagerecht liegenden Gelenkbolzens durchführen müssen, wenn wir lotrechte Einspannmomente vom auskippenden Träger fernhalten wollen), dann übt dieser Nachbarträger in waagerechter Richtung eine elastische Einspannung aus, deren Grad von der Größe seiner waagerechten Biegesteifigkeit B_N und seiner Stützweite l_N abhängt. Übertragen wir ein Lösungsergebnis, das Borkmann[4] in der zweiten seiner genannten Knickuntersuchungen anführt, sinngemäß auf dieses Kipp-Problem, dann können wir die folgenden Feststellungen machen: Besitzt der Nachbarträger die gleichen Abmessungen wie der untersuchte Träger (Abb. 14a), dann

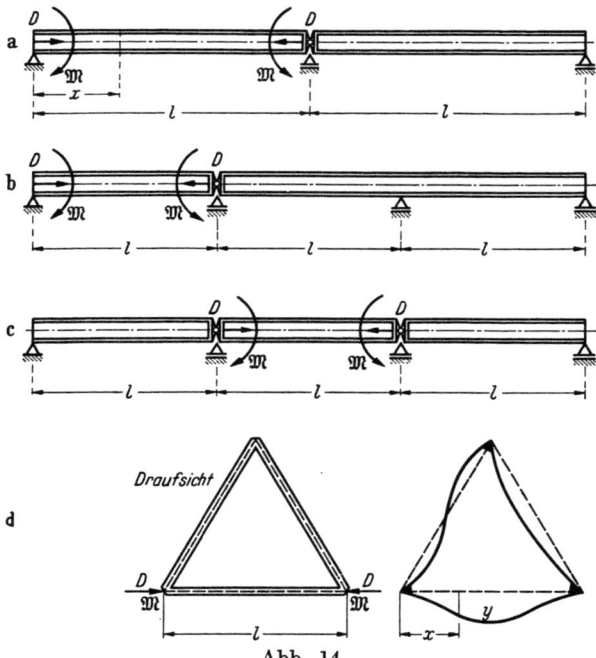

Abb. 14.

gilt $\tau_r = \dfrac{l_N}{3 B_N} = \dfrac{l}{3 B}$, $\tau_l = \infty$ und daher $a = 1/3$, $c = \infty$, so daß sich als kleinste Lösung von (C 31) der Wert $\sqrt{k} = 1{,}188\,\pi$ ergibt. Läuft der Nachbarträger über zwei gleich lange Felder durch (Abb. 14b), dann wird $\sqrt{k} = 1{,}205\,\pi$; besitzt er die Länge l, ist er jedoch an beiden Seiten des untersuchten Trägers angeordnet (Abb. 14c), dann wird $a = 1/3$, $c = 1$ und demgemäß $\sqrt{k} = 1{,}382\,\pi$. Schließen wir diese beiden Nachbarträger zu einem Trägerdreieck zusammen, wie es die Abb. 14d in der Draufsicht zeigt, dann wird die Einspannwirkung weiterhin erhöht, da sich der eine der beiden Nachbarträger (wie die Abb. 14d erkennen läßt) in waagerechter Richtung S-förmig verbiegen muß; die kleinste Lösung von (C 31) steigt dann auf den Wert $\sqrt{k} = 1{,}46\,\pi$ an.

§ 10. Der Träger wird in waagerechter Richtung durch einen axial belasteten Nachbarträger elastisch eingespannt.

Wird der untersuchte, durch die Druckkraft D und die gegengleichen Endmomente $\mathfrak{M}$ belastete und im weiteren kurz als „Hauptträger" bezeichnete Träger an beiden Enden an der Verdrillung gehindert und außerdem an seinem rechten Ende mit Hilfe eines waagerecht liegenden Gelenkbolzens an einen Nachbarträger angeschlossen, der die gleichen Abmessungen wie der Hauptträger aufweist und durch eine Axialkraft D_N belastet ist (Abb. 15), dann hängt die Einspannwirkung dieses Nachbarträgers und damit auch das Lösungsergebnis unserer Kippuntersuchung zusätzlich von der Größe und dem Vorzeichen der Kraft D_N ab.

Um den Einfluß, den die Kraft D_N auf den Einspanngrad nimmt, klarzustellen, denken wir uns den axial belasteten Nachbarträger vom Hauptträger abgeschnitten und an der Schnittstelle der Wirkung eines waagerechten Endmomentes $M_0 = 1$ ausgesetzt. Zur Bestimmung des in diesem Zustand auftretenden, auf die Querschnitts-Minimumachse (vgl. Abb. 1b) bezogenen Biegemomentes M stehen uns die allgemeinen Beziehungen (A 21) zur

---

[1] Weinhold, J.: Wie Fußnote 2, S. 23. — [2] Boros, P.: Wie Fußnote 3, S. 23.
[3] Inada, T.: Wie Fußnote 3, S. 23. — [4] Borkmann, K.: Wie Fußnote 3, S. 23.

Der Träger wird in waagerechter Richtung durch einen axial belasteten Nachbarträger elastisch eingespannt.

Verfügung, die hier

(C 50) $\qquad M = -M_1 \vartheta - S_N \cdot y + K_I \frac{x}{l_N} + K_{II}, \qquad K_{II} = M_0, \qquad K_I = -M_0$

lauten und nach Beachtung von (A 6) und (A 7) zur Gleichung

(C 51) $\qquad B_N \cdot \frac{d^2 y}{d x^2} - S_N \cdot y + M_0 \left(1 - \frac{x}{l_N}\right) = M_1 \cdot \vartheta$

führen. Da der Nachbarträger beim Auskippen des Hauptträgers keinerlei Verdrillung erfährt, verschwindet die rechte Seite dieser Gleichung, so daß wir einfach

(C 52) $\qquad \frac{d^2 y}{d x^2} - \frac{S_N}{B_N} \cdot y + \frac{M_0}{B_N}\left(1 - \frac{x}{l_N}\right) = 0$

erhalten; hierbei gilt $S_N = -D_N$, wenn der Träger durch eine Druckkraft belastet ist, und $S_N = +Z_N$, wenn er gezogen wird. Ermitteln wir die allgemeine Lösung dieser Differentialgleichung und berechnen wir die beiden Integrationskonstanten mit Hilfe der beiden Randbedingungen $x = 0$, $y = 0$ und $x = l_N$, $y = 0$, dann können wir die waagerechte Biegelinie und damit auch die unter dem Angriff $M_0 = 1$ auftretende Endverdrehung τ festlegen. Wir gelangen so zu den Beziehungen

(C 53) $\begin{cases} \text{Druckbelastung:} \quad \tau = \dfrac{l_N}{3 B_N} \cdot \dfrac{3\left(1 - \dfrac{\varphi}{\tg \varphi}\right)}{\varphi^2}, \quad \varphi = l_N \sqrt{\dfrac{D_N}{B_N}}, \\[2ex] \text{Zugbelastung:} \quad \tau = \dfrac{l_N}{3 B_N} \cdot \dfrac{3\left(\dfrac{\varphi}{\Tg \varphi} - 1\right)}{\varphi^2}, \quad \varphi = l_N \sqrt{\dfrac{Z_N}{B_N}}, \end{cases}$

in die wir nach Voraussetzung $B_N = B$ und $l_N = l$ einzusetzen haben. Der Wert τ wird — ähnlich wie der in Abb. 8b angegebene Wert τ_r — zur Festlegung der rechten Einspannziffer des Hauptträgers verwendet und dient zur Bestimmung der in unserer Kippbedingung (C 31) zur Geltung kommenden Hilfsgröße $a = \frac{B \tau_r}{l}$; ist D_N bzw. Z_N gleich Null, dann wird der in (C 53) an zweiter Stelle stehende Faktor gleich Eins und daher $\tau \equiv \tau_r = \frac{l}{3 B}$.

Am linken Ende ist der Hauptträger einspannungsfrei gelagert, so daß $\frac{1}{\tau_l} \equiv \frac{1}{c \tau_r} = 0$ und daher $c = \infty$ wird. Setzen wir die gefundenen Kennzahlen $a = \frac{B \tau_r}{l}$ und $c = \infty$ in die Kippbedingung (C 31) ein und berechnen wir den kleinsten Lösungswert $\sqrt{k}$, dann können wir mit Hilfe von (C 33) bis (C 36) die Beziehungen für die gesuchte kleinste Kipplast an-

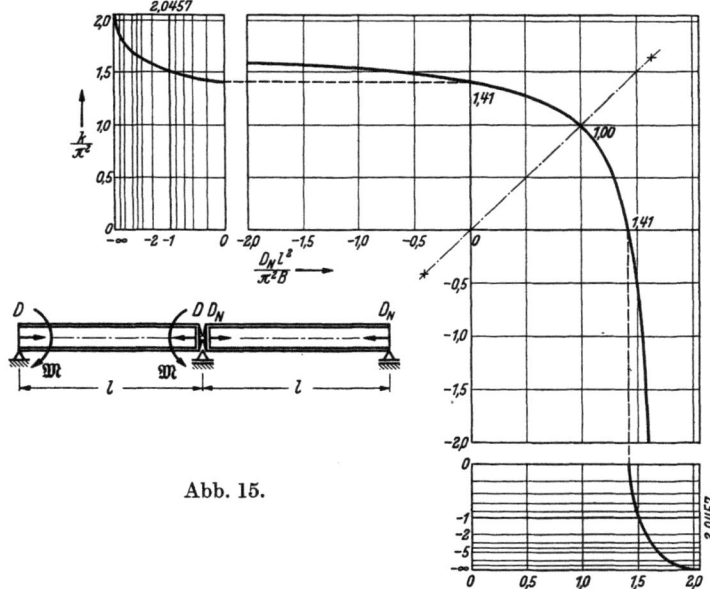

Abb. 15.

schreiben. Ist $D_N = 0$, dann gelangen wir zu dem in Abb. 14a dargestellten Fall und damit zum Lösungswert $\sqrt{k} = 1{,}188 \pi$. Ist D_N positiv (Druckkraft), dann wird die Einspannwirkung des Nachbarträgers herabgesetzt und daher auch $\sqrt{k}$ verkleinert; ist D_N negativ (Zugkraft), dann erfährt die Einspannwirkung und damit auch $\sqrt{k}$ eine Erhöhung.

In Abb. 15 sind die kleinsten Lösungen k der Kippbedingung in ihrer Abhängigkeit von der Axialkraft D_N des Nachbarträgers dargestellt worden; auf der Abszissenachse wurden die Werte $\frac{D_N l^2}{\pi^2 B}$ und auf der Ordinatenachse die Werte k/π^2 aufgetragen. Ist $D_N = 0$, dann ergibt sich $k/\pi^2 = 1{,}41$ und damit $\sqrt{k} = 1{,}188\,\pi$, wie wir schon in Abb. 14a angegeben haben. Ist D_N negativ (Zugkraft), dann steigt k/π^2 langsam an; ist D_N jedoch positiv (Druckkraft), dann sinkt k/π^2 rasch ab und erreicht im Sonderfall $D_N = \dfrac{\pi^2 B}{l^2}$ den Wert $k/\pi^2 = 1$. In diesem Sonderfall befindet sich der Nachbarträger mit Bezug auf die waagerechten Ausbiegungen im Eulerschen Knickzustand, so daß er auf den Hauptträger keinerlei Einspannwirkung auszuüben vermag; die gefundene kleinste Lösung $\sqrt{k} = \pi$ ist daher die gleiche, die wir bei der Kippuntersuchung des beiderseits einspannungsfrei gelagerten Trägers (vgl. den § 4 dieses Abschnittes) gewonnen haben.

Ist die Druckkraft im Nachbarträger größer als die zum waagerechten Ausknicken erforderliche Eulerlast $D_N = \dfrac{\pi^2 B}{l^2}$, dann tritt im Kräftespiel ein grundsätzlicher Wandel ein, da nun nicht mehr der Nachbarträger den Hauptträger, sondern umgekehrt der Hauptträger den übermäßig gedrückten Nachbarträger zu stützen versucht. Dementsprechend wird die der tiefsten Verzweigungsstelle des Trägerpaares zugeordnete Lösung $\dfrac{k}{\pi^2}$ kleiner als 1 und daher die Kippbelastung $\mathfrak{M}_k$, D_k kleiner als im Fall des beiderseits einspannungsfrei gelagerten Trägers. Nimmt D_N den Wert $D_N = 1{,}41\,\dfrac{\pi^2 B}{l^2}$ an, dann sinkt die kleinste Lösung k der Kippbedingung auf Null herunter; dieser Lösung entspricht, wie wir aus der Gleichung (C 34) entnehmen, entweder der Fall $\mathfrak{M} = 0$, $D = 0$ (unbelasteter Hauptträger) oder aber der Fall eines durch Endmomente $\mathfrak{M} \neq 0$ belasteten Hauptträgers, der zur Kompensation dieser Momentenbelastung die zusätzliche Zugbelastung $Z = -D = \dfrac{\mathfrak{M}^2}{C}$ erfährt.

Ist die Druckkraft im Nachbarträger $D_N > 1{,}41\,\dfrac{\pi^2 B}{l^2}$ und soll die Verzweigungsstelle des Gleichgewichtes nicht überschritten werden, dann muß im Hauptträger eine Zugkraft Z zur Wirkung gelangen. Diese Zugkraft muß schon im Fall $\mathfrak{M} = 0$ von Null verschieden sein und umso größer angesetzt werden, je größer die zusätzlich vorhandenen Endmomente $\mathfrak{M}$ sind; denn die Verzweigungsstelle des Trägerpaares wird hier, wie uns die Abb. 15 lehrt, schon bei einem negativen Lösungswert k erreicht. Diese negativen Werte k wachsen bei geringfügigen Erhöhungen von D_N sehr stark an, so daß es notwendig ist, bei der Darstellung der gefundenen Gesetzmäßigkeit einen projektiv verzerrten Ordinatenmaßstab zu verwenden; der diesbezügliche Teil der Lösungskurve ist im Diagramm Abb. 15 getrennt gezeichnet worden.

Nimmt die Druckkraft D_N des Nachbarträgers den Grenzwert $D_N = 2{,}0457\,\dfrac{\pi^2 B}{l^2} = 20{,}19\,\dfrac{B}{l^2}$ an (d. i. die Eulersche Knicklast, die dem Nachbarträger mit Bezug auf waagerechte Ausbiegungen zugeordnet ist, wenn er an seinem linken Ende vollkommen starr eingespannt wird), dann läßt sich das Instabilwerden des Gleichgewichtes auch durch die Anordnung einer unendlich großen Zugkraft $Z = \infty$ nicht aufhalten; der Endpunkt der in der Abb. 15 dargestellten (der tiefsten Verzweigungsstelle des untersuchten Trägerpaares zugeordneten) Lösungskurve ist demnach an der Stelle mit der Abszisse $\dfrac{D_N l^2}{\pi^2 B} = 2{,}0457$ und der Ordinate $k/\pi^2 = -\infty$ gelegen.

Das Diagramm Abb. 15 weist in seinem Aufbau eine Symmetrie bezüglich der durch den Koordinatenursprung gehenden, unter 45° geneigten Geraden auf und dementsprechend findet sich das getrennt gezeichnete, im projektiv verzerrten Maßstab dargestellte Kurvenstück auch im Bereich der negativen Abszissenwerte vor (Abb. 15, links oben). Die gewonnene Lösungskurve stimmt hinsichtlich ihres Verlaufes mit einer der Lösungskurven überein, die Borkmann[1] im Rahmen seiner Untersuchungen über die Knickstabilität elastisch eingespannter Druckstäbe in der zweiten der genannten Abhandlungen veröffentlicht hat. Es sei erwähnt, daß Borkmann diese Knickuntersuchungen auch auf den Fall $B_N \neq B$, $l_N \neq l$ ausgedehnt und darüber hinaus auch die Lösung für einen Druckstab entwickelt hat, der an beiden Enden mit axial belasteten Nachbarstäben verbunden ist.

---

[1] Borkmann, K.: Wie Fußnote 3, S. 23.

Ein grundsätzlich anderes Kipp-Problem liegt vor, wenn zwei auf Druck und Biegung beanspruchte Träger **nebeneinander** liegen und durch Querrippen miteinander verbunden sind. Dieses Problem — das im Flugzeugbau bei der Stabilitätsuntersuchung der Holm-Rippen-Roste auftritt — ist unter der Voraussetzung, daß die beiden Träger einen „flanschlosen" Querschnitt besitzen (vgl. dazu den Abschnitt F) und daß die Rippenwirkung längs der Trägerachse gleichmäßig aufgeteilt werden darf, von Weinhold[1] der Lösung zugeführt worden.

D. Das Auskippen des durch eine stetig verteilte Querlast, durch Endmomente und durch Endquerkräfte belasteten I-Trägers.

§ 1. Der allgemeine Fall.

Ist der Träger in axialer Richtung unbelastet, gilt also $S = 0$, dann geht die Differentialgleichung (A 27), die wir für einen Träger mit konstanter Flanschachsenentfernung abgeleitet haben, in die Gleichung

$$\text{(D 1)} \qquad \frac{d^2}{d\xi^2}\left\{\frac{BC}{M_1} \cdot \left[\beta\left(\vartheta'''' + 2\frac{B'_{\text{Fl}}}{B_{\text{Fl}}}\vartheta''' + \frac{B''_{\text{Fl}}}{B_{\text{Fl}}}\vartheta''\right) - \vartheta'' - \frac{C'}{C}\vartheta' - \frac{M_1^2 l^2}{BC}\vartheta - \frac{pl^2 e}{C}\vartheta\right]\right\} = 0$$

über, in der die Striche Ableitungen nach der dimensionslosen Zahl $\xi = x/l$ bedeuten und die Hilfsgröße β durch die Beziehung

$$\text{(D 2)} \qquad \beta = \frac{B_{\text{Fl}}}{C} \cdot \left(\frac{h}{2l}\right)^2, \qquad \left(\frac{h}{2l}\right)^2 = \text{const},$$

festgelegt wird. Hierbei stellt

B die auf die Querschnitts-Minimumachse (vgl. Abb. 1b) bezogene Biegesteifigkeit des Trägers,

B_{Fl} die auf diese Achse bezogene Biegesteifigkeit des Flanschenpaares (die nahezu so groß wie B ist),

C die Drillungssteifigkeit des Trägers,

p die örtliche Intensität der stetig verteilten, lotrechten (auch während des Auskippens lotrecht bleibenden) Querbelastung,

e die lotrechte (nach oben positiv gezählte) Entfernung der Elementarlast $p \cdot dx$ von der Trägerachse,

M_1 das durch die Querlast p, die lotrechten Endquerkräfte P_1, P_2 und die lotrechten Endmomente $\mathfrak{M}_1$, $\mathfrak{M}_2$ hervorgerufene, auf die Querschnitts-Maximumachse bezogene Biegemoment,

h die gegenseitige Entfernung der beiden Flanschachsen und

l die Trägerlänge vor;

B, B_{Fl}, C, β, p, e und M_1 dürfen stetige Funktionen von ξ sein, während

h und l Konstante sind.

Die allgemeine Lösung der linearen, homogenen Differentialgleichung (D 1) besitzt sechs Integrationskonstante, die durch sechs Randbedingungen bestimmt werden. Vier von diesen sechs Randbedingungen beziehen sich auf die Verdrillung des Trägers und den Verlauf seiner Achse, während die beiden restlichen — wie wir schon im Abschnitt C an Hand von Abb. 9 dargelegt haben — auf die **Verwölbung der Querschnittsebenen** Bezug nehmen. Wird diese Querschnittsverwölbung an einem der beiden Trägerenden gewaltsam verhindert, dann lautet die zugehörige Randbedingung in Übereinstimmung mit (C 18)

$$\text{(D 3)} \qquad \vartheta' \equiv \frac{d\vartheta}{d\xi} = 0;$$

kann sie sich jedoch frei ausbilden, dann wird die zugeordnete Randbedingung in Übereinstimmung mit (C 19) durch die Beziehung

$$\text{(D 4)} \qquad \vartheta'' \equiv \frac{d^2\vartheta}{d\xi^2} = 0$$

ausgedrückt.

---

[1] Weinhold, J.: Z. angew. Math. Mech. Bd. 17 (1937) S. 270 und Bd. 18 (1938) S. 272, sowie Ing.-Arch. Bd. 9 (1938) S. 411.

Hätten wir beispielsweise das Kipp-Problem eines Trägers zu untersuchen, der an beiden Enden in eine starre Masse eingegossen ist, dann müßten wir durch die sechs Randbedingungen zum Ausdruck bringen, daß an den beiden Enden nicht nur die Verdrillung des Trägers, sondern auch die Verdrehung der Achsentangente und die Verwölbung der Querschnittsebenen restlos verhindert wird; die sechs Randbedingungen würden daher (vgl. dazu auch die Abb. 9 d)

$$\text{(D 5)} \quad \begin{cases} \xi = 0, \quad \vartheta = 0 \quad \text{und} \quad y' = 0 \quad \text{und} \quad \vartheta' = 0 \\ \xi = 1, \quad \vartheta = 0 \quad \text{und} \quad y' = 0 \quad \text{und} \quad \vartheta' = 0 \end{cases}$$

lauten. Führen wir die allgemeine Lösung von (D 1) in (D 5) ein, dann gelangen wir auf ein System von sechs linearen, homogenen Gleichungen, das nur dann eine von der trivialen Nullösung verschiedene Lösung für die sechs Integrationskonstanten besitzt, wenn seine Koeffizientendeterminate $\varDelta_K$ (d. i. eine **sechsreihige** Determinante) verschwindet. Die Gleichung $\varDelta_K = 0$ stellt daher die gesuchte Kippbedingung vor.

§ 2. Der Kragträger und der einfache Balkenträger mit „Gabellagerung".

Integrieren wir die Differentialgleichung (D 1) zweimal nach ξ, dann erhalten wir

$$\text{(D 6)} \quad \beta \cdot \left(\vartheta'''' + 2\frac{B'_{\text{Fl}}}{B_{\text{Fl}}} \vartheta''' + \frac{B''_{\text{Fl}}}{B_{\text{Fl}}} \vartheta'' \right) - \vartheta'' - \frac{C'}{C}\vartheta' - \frac{M_1^2 l^2}{BC}\vartheta - \frac{p l^2 e}{C}\vartheta = -\frac{M_1 l^2}{BC}(K_{\text{I}}\xi + K_{\text{II}}),$$

wobei die Größen K_{I} und K_{II} die Dimension eines Momentes besitzen und die Integrationskonstanten vorstellen. Es sind dies die gleichen Integrationskonstanten, denen wir schon in der Grundgleichung (A 24) begegnet sind; denn wenn wir in jener Grundgleichung $S = 0$ setzen, für $\frac{dM_D}{dx}$ den Ausdruck (A 25) einführen und an Stelle von x die dimensionslose Zahl $\xi = \frac{x}{l}$ als unabhängige Veränderliche verwenden, geht (A 24) unmittelbar in unsere Differentialgleichung (D 6) über. Wir dürfen daher für K_{I}, K_{II} die im Abschnitt A angegebenen Beziehungen (A 21) und (A 22) anschreiben, die hier mit Rücksicht auf $S = 0$ einfach

$$\text{(D 7)} \quad \begin{cases} K_{\text{II}} = (M_1 \cdot \vartheta + M)_{x=0} \\ K_{\text{I}} = (M_1 \cdot \vartheta + M)_{x=l} - K_{\text{II}}, \end{cases}$$

bzw.

$$\text{(D 8)} \quad \begin{cases} K_{\text{I}} = l \cdot (Q_1 \vartheta - Q) = \text{const} \\ K_{\text{II}} = \left(M_1 \vartheta + M - K_{\text{I}} \cdot \frac{x}{l} \right) = \text{const}, \end{cases}$$

lauten; hierbei stellt M_1 das auf die Maximumachse des Trägerquerschnittes bezogene Biegemoment, Q_1 die auf dieser Achse senkrecht stehende Querkraft, M das infinitesimale, auf die Minimumachse des Trägerquerschnittes bezogene Biegemoment, Q die infinitesimale, auf dieser Achse senkrecht stehende Querkraft, ϑ den infinitesimalen Drillwinkel und l die Trägerlänge vor.

Wenn bei der Ausbildung des unendlich wenig ausgekippten Gleichgewichtszustandes sowohl M als auch M_1 oder ϑ an beiden Trägerenden verschwindet, oder wenn sich für zwei beliebige Querschnittsstellen aussagen läßt, daß $(Q_1\vartheta - Q)$ bzw. $(M_1\vartheta + M)$ gleich Null ist, dann gilt wegen (D 7) und (D 8)

$$\text{(D 9)} \quad K_{\text{I}} = K_{\text{II}} = 0,$$

so daß (D 6) die Form

$$\text{(D 10)} \quad \begin{cases} \beta \cdot \left(\vartheta'''' + 2\frac{B'_{\text{Fl}}}{B_{\text{Fl}}} \vartheta''' + \frac{B''_{\text{Fl}}}{B_{\text{Fl}}} \vartheta'' \right) - \vartheta'' - \frac{C'}{C}\vartheta' - \frac{M_1^2 l^2}{BC}\vartheta - \frac{p l^2 e}{C}\vartheta = 0, \\ \beta = \frac{B_{\text{Fl}}}{C} \cdot \left(\frac{h}{2l} \right)^2, \quad \left(\frac{h}{2l} \right)^2 = \text{const}, \end{cases}$$

annimmt. Die allgemeine Lösung dieser Differentialgleichung, die bloß von vierter Ordnung ist, enthält **vier** Integrationskonstante, zu deren Bestimmung **vier** Randbedingungen aufgestellt werden müssen; zwei von diesen Randbedingungen beziehen sich auf

Der Kragträger und der einfache Balkenträger mit „Gabellagerung". 33

die Verdrillung und den Achsenverlauf des Trägers, die beiden restlichen auf die Verwölbung der Endquerschnittsebenen. Führen wir die allgemeine Lösung in die Randbedingungen ein, dann gelangen wir auf ein System von vier in den Integrationskonstanten linearen, homogenen Gleichungen, das nur dann eine von der trivialen Nullösung verschiedene Lösung besitzt, wenn seine Koeffizientendeterminante $\varDelta_K$ (d. i. eine bloß vierreihige Determinante) verschwindet; die Gleichung $\varDelta_K = 0$ stellt daher die gesuchte Kippbedingung vor.

Haben wir beispielsweise die Kippstabilität des in Abb. 16a dargestellten Krag- oder Konsolträgers zu untersuchen, der durch eine stetig verteilte, lotrechte (auch während des Auskippens lotrecht bleibende) Querlast p und eine am freien Trägerende angreifende, lotrechte (auch während des Auskippens lotrecht bleibende) Einzellast P belastet ist, dann können wir diese Untersuchung mit der Feststellung einleiten, daß im infinitesimal ausgekippten Gleichgewichtszustand an der Querschnittsstelle $x = 0$ sowohl M als auch M_1 verschwindet, und daß an der Querschnittsstelle $x = l$ nicht nur ϑ, sondern (da die Belastung während des Auskippens nach Voraussetzung lotrecht bleibt) auch M und Q gleich Null ist; mit Rücksicht auf (D 7) oder (D 8) wird daher $K_\mathrm{I} = K_\mathrm{II} = 0$, so daß wir an Stelle von (D 1) die einfache Differentialgleichung (D 10) verwenden dürfen. Von den vier Randbedingungen, die wir der allgemeinen Lösung von (D 10) auferlegen müssen, enthält die erste eine Aussage über die Größe des Drillmoments am freien Trägerende; sie lautet $M_D = 0$, wenn wir annehmen, daß die Einzellast P im Schwerpunkt des Endquerschnittes angreift. Die zweite Randbedingung bringt zum Ausdruck, daß der Drillwinkel ϑ an der Einspannstelle verschwinden muß, und die beiden restlichen beziehen sich auf die Querschnittsverwölbung und fordern die Erfüllung der Gleichung (D 4) für den freien und der Gleichung (D 3) für den eingespannten

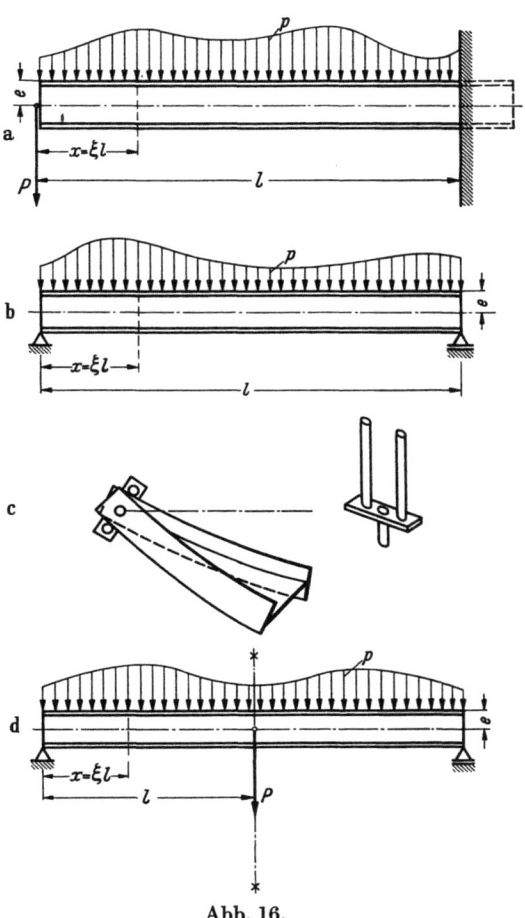

Abb. 16.

Endquerschnitt. Da die im Abschnitt A für das Drillmoment abgeleitete Beziehung (A 11) wegen $h = \text{const}$

(D 11) $$M_D = \frac{C}{l}\left[\vartheta' - \beta\left(\vartheta''' + \frac{B'_\mathrm{Fl}}{B_\mathrm{Fl}}\vartheta''\right)\right], \qquad \beta = \frac{B_\mathrm{Fl}}{C}\left(\frac{h}{2l}\right)^2,$$

lautet, nehmen die vier Randbedingungen des Kipp-Problems in jenen Fällen, in denen die Einzellast P im Schwerpunkt des Endquerschnittes angreift, die Form

(D 12) $$\begin{cases} \xi = 0, & (\vartheta' - \beta\vartheta''') = 0 \quad \text{und} \quad \vartheta'' = 0 \\ \xi = 1, & \vartheta = 0 \quad \text{und} \quad \vartheta' = 0 \end{cases}$$

an.

Untersuchen wir die Kippstabilität des in Abb. 16b dargestellten Balkenträgers, der an seinen beiden Enden durch „Gabeln" (vgl. dazu die Abb. 2 und 16c) an der Verdrillung gehindert wird und eine stetig verteilte, lotrechte (auch während des Auskippens lotrecht bleibende) Querbelastung p erfährt, dann können wir schon bei Beginn dieser Untersuchung feststellen, daß im infinitesimal ausgekippten Gleichgewichtszustand nicht nur ϑ, sondern auch M und Q an beiden Trägerenden sicher gleich Null ist; aus (D 7) oder (D 8) folgt dann

$K_\mathrm{I}=K_\mathrm{II}=0$, so daß wir an Stelle von (D 1) die einfache Differentialgleichung (D 10) verwenden dürfen. Von den vier Randbedingungen, die wir der allgemeinen Lösung von (D 10) aufzuerlegen haben, fordert die erste und zweite für die beiden Trägerenden das Verschwinden des Drillwinkels ϑ, während die dritte und vierte zum Ausdruck bringt, daß sich die Endquerschnittsebenen gemäß Abb. 16c (da keinerlei Stirnplatten nach Abb. 9c angeordnet sind) ungehindert verwölben können; die vier Randbedingungen nehmen somit die Form an

(D 13) $\quad\begin{cases}\xi=0,\quad \vartheta=0\quad\text{und}\quad \vartheta''=0\\ \xi=1,\quad \vartheta=0\quad\text{und}\quad \vartheta''=0.\end{cases}$

Haben wir die Kipp-Stabilität des in Abb. 16d gezeichneten (gleichfalls in Gabeln gelagerten, jedoch bezüglich der Mitte **symmetrisch gebauten und symmetrisch belasteten**) Balkenträgers zu untersuchen, dann ist es zweckmäßig, die **halbe Stützweite des Balkens als „Trägerlänge l"** einzuführen und demgemäß den Mittenquerschnitt des Balkens als „rechten Endquerschnitt" dieses Trägers anzusehen; es darf dann auch eine lotrechte, **in der Balkenmitte angreifende Einzellast P** als Belastung zugelassen werden, da diese Einzellast für unseren Träger eine „Endquerkraft" bedeutet. Im infinitesimal ausgekippten Gleichgewichtszustand ist an der Querschnittsstelle $x=0$ — da wir ein Gabellager angeordnet haben und von der Belastung voraussetzen, daß sie auch während des Auskippens lotrecht bleibt — sicher $\vartheta=0$, $M=0$ und $Q=0$, so daß sich aus (D 8) $K_\mathrm{I}=K_\mathrm{II}=0$ ergibt und die Differentialgleichung (D 1) die einfache Form (D 10) annimmt. Von den vier Randbedingungen, die wir der allgemeinen Lösung von (D 10) auferlegen müssen, beziehen sich die beiden ersten auf die Stelle $x=0$ und bringen zum Ausdruck, daß hier der Drillwinkel ϑ verschwinden muß und die Querschnittsverwölbung (da wir keine Stirnplatte nach Abb. 9c angeordnet haben) frei möglich ist. Die beiden restlichen Randbedingungen beziehen sich auf die Querschnittsstelle $x=l$ (Balkenmitte) und enthalten eine Aussage über die Größe des hier vorhandenen Drillmomentes M_D und eine Aussage über die an dieser Stelle auftretende Querschnittsverwölbung. Greift die Einzellast P im Querschnittsschwerpunkt an und suchen wir die tiefste Verzweigungsstelle des Gleichgewichts, dann gilt $M_D=0$ und $\vartheta'=0$, da die Kippfigur symmetrisch zur Balkenmitte verläuft und die Querschnittsverwölbung in der Symmetrieebene verschwinden muß; die vier Randbedingungen nehmen in diesem Fall die Form

(D 14) $\quad\begin{cases}\xi=0,\quad \vartheta=0\quad\text{und}\quad \vartheta''=0\\ \xi=1,\quad M_D=0\quad\text{und}\quad \vartheta'=0\end{cases}$

an, wobei die Forderung $M_D=0$ durch die Forderung $\vartheta'''=0$ ersetzt werden kann, wenn wir (D 11) berücksichtigen und beachten, daß an der Stelle $\xi=1$ wegen der vorausgesetzten Symmetrie nicht nur ϑ' sondern auch B'_Fl verschwindet.

§ 3. Zahlenbeispiel: Der durch eine Einzellast belastete Kragträger mit konstantem Querschnitt.

Wir suchen die kleinste Kipplast des in Abb. 17a dargestellten Kragträgers, der die Länge $l=5{,}00$ m besitzt, am rechten Ende starr eingespannt ist und am freien Ende eine lotrechte (auch während des Auskippens lotrecht bleibende) Einzellast P trägt; der Angriffspunkt dieser Einzellast ist auf der Minimumachse des Endquerschnittes in der Entfernung e vom Schwerpunkt des Querschnittes gelegen, wobei e positiv gezählt wird, wenn sich der Angriffspunkt oberhalb des Schwerpunktes befindet. Für den Trägerquerschnitt wählen wir einen konstanten, doppeltsymmetrischen I-Querschnitt mit der Flanschachsenentfernung $h=0{,}50$ m; die auf die Minimumachse des Querschnittes bezogene Biegesteifigkeit des Trägers sei $B=57{,}00$ tm², die auf diese Achse bezogene Biegesteifigkeit des Flanschenpaares sei $B_\mathrm{Fl}\approx B$ und die Drillungssteifigkeit sei $C=2{,}38$ tm². Es sind dies die gleichen Werte, die den von Timoshenko[1], Föppl[2] und Hartmann[3] vorgeführten

---
[1] Timoshenko, S.: Z. Math. u. Physik Bd. 58 (1910) S. 360.
[2] Föppl, A. u. L.: Drang und Zwang, Bd. 2, 2. Aufl., S. 334.
[3] Hartmann, F: Wie Fußnote 3, S. 10.

Zahlenbeispielen (bei letzterem mit der Abänderung $h = 0{,}492$ m statt $0{,}500$ m) zugrunde liegen; wenn wir uns auf einen Träger in geschweißter Ausführung beziehen, entsprechen sie angenähert dem in Abb. 17b dargestellten, aus einem Stegblech $488 \cdot 9$ und je einer Gurtplatte $110 \cdot 12$ gebildeten Träger (vgl. dazu den § 1 des Abschnittes A).

Da $M_1 = -P \cdot x = -Pl \cdot \xi$, $p = 0$, $B = \text{const}$, $B_{Fl} = \text{const}$, $C = \text{const}$ ist und daher $\beta = \dfrac{B_{Fl}}{C}\left(\dfrac{h}{2l}\right)^2 = \text{const}$, $B'_{Fl} = B''_{Fl} = C' = 0$ gilt, geht die Differentialgleichung (D 10) in die einfache Gleichung

(D 15) $\qquad \beta \vartheta'''' - \vartheta'' - \dfrac{P^2 l^4}{BC} \xi^2 \vartheta = 0, \qquad \vartheta'''' \equiv \dfrac{d^4 \vartheta}{d\xi^4}, \qquad \vartheta'' \equiv \dfrac{d^2 \vartheta}{d\xi^2},$

über, die unter Zuhilfenahme geometrischer Überlegungen schon von Timoshenko[1] abgeleitet worden ist. Führen wir die Hilfsgröße

(D 16) $\qquad k = \dfrac{P l^2}{C}$

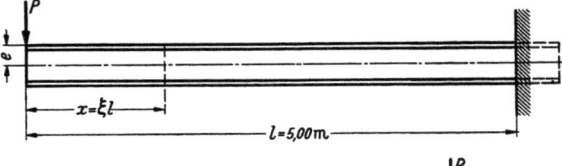

ein, dann läßt sich (D 15) auch in der Form

(D 17) $\qquad \beta \vartheta'''' - \vartheta'' - \dfrac{C}{B} k^2 \xi^2 \vartheta = 0$

schreiben, wobei in unserem Zahlenbeispiel

(D 18) $\qquad \begin{cases} \beta \equiv \dfrac{B_{Fl}}{C}\left(\dfrac{h}{2l}\right)^2 = 0{,}059874, \\ \dfrac{C}{B} = 0{,}041754 \end{cases}$

beträgt.

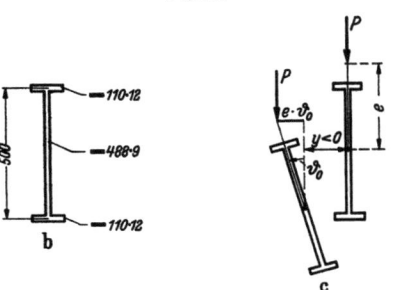

Abb. 17.

Von den vier Randbedingungen, die wir der allgemeinen Lösung von (D 15) auferlegen müssen, enthält die erste eine Aussage über die Größe des Drillmomentes am freien Trägerende, während die zweite zum Ausdruck bringt, daß der Drillwinkel ϑ an der Einspannstelle des Trägers verschwinden muß; die beiden restlichen Randbedingungen beziehen sich auf die **Verwölbung der Querschnittsebenen** und fordern für die Stelle $x = l$ die Erfüllung der Gleichung (D 3) und für die Stelle $x = 0$ — da hier die Querschnittsverwölbung durch keinerlei Stirnplatte behindert wird — die Erfüllung der Gleichung (D 4). Für das am freien Trägerende vorhandene Drillmoment ergibt sich (vgl. dazu Abb. 17c) die Beziehung

(D 19) $\qquad M_D\big|_{\xi=0} = -P \cdot e \cdot \vartheta\big|_{\xi=0},$

die, wenn wir für M_D den aus (D 11) gewonnenen Ausdruck

(D 20) $\qquad M_D\big|_{\xi=0} = \dfrac{C}{l}\left(\vartheta'\big|_{\xi=0} - \beta \cdot \vartheta'''\big|_{\xi=0}\right)$

einführen und die Hilfsgröße (D 16) verwenden, in die Gleichung

(D 21) $\qquad \vartheta'\big|_{\xi=0} - \beta \cdot \vartheta'''\big|_{\xi=0} + k \cdot \dfrac{e}{l} \cdot \vartheta\big|_{\xi=0} = 0$

übergeht. Die vier Randbedingungen können somit in der Form

(D 22) $\qquad \begin{cases} \xi = 0, & \vartheta' - \beta \vartheta''' + k \cdot \dfrac{e}{l} \cdot \vartheta = 0 \quad \text{und} \quad \vartheta'' = 0 \\ \xi = 1, & \vartheta = 0 \quad \text{und} \quad \vartheta' = 0 \end{cases}$

geschrieben werden.

Die Lösung der Differentialgleichung (D 17) setzen wir als Potenzreihe

(D 23) $\qquad \vartheta = \vartheta_0 + \vartheta'_0 \cdot \xi + \dfrac{1}{6\beta}\left(\vartheta'_0 + k \dfrac{e}{l} \vartheta_0\right) \cdot \xi^3 + \sum_{n=5,6,7\ldots}^{\infty} a_n \cdot \xi^n$

---

[1] Timoshenko, Wie Fußnote 1, S. 34.

an, die — wie wir leicht feststellen können — schon die beiden ersten der vier Randbedingungen (D 22) erfüllt; die Größen ϑ_0 und ϑ_0' sind hierbei (ebenso wie die Beiwerte a_n) Konstante und stellen die am freien Trägerende ($\xi = 0$) auftretenden Werte des Drillwinkels und seiner ersten Ableitung vor. Führen wir (D 23) in die Differentialgleichung (D 17) ein und ordnen wir die linke Seite dieser Gleichung nach steigenden Potenzen von ξ, dann erhalten wir — da die Koeffizienten aller dieser Potenzen verschwinden müssen, wenn (D 17) erfüllt sein soll — eine ausreichende Zahl von Gleichungen, um sämtliche Beiwerte a_n durch die beiden Sonderwerte ϑ_0, ϑ_0' ausdrücken zu können. Nach der Berechnung der a_n enthält die Reihe (D 23), die nunmehr sowohl die beiden ersten Randbedingungen als auch die Differentialgleichung erfüllt, außer der gesuchten Hilfsgröße k (dem „Eigenwert" des mathematischen Problems) nur mehr die Konstanten ϑ_0 und ϑ_0', zu deren Bestimmung die beiden letzten der vier Randbedingungen (D 22) zur Verfügung stehen. Führen wir den Ausdruck für ϑ in diese beiden Randbedingungen ein, dann gelangen wir auf ein System von zwei in den Konstanten ϑ_0, ϑ_0' linearen, homogenen Gleichungen, das nur dann eine **von der trivialen Nullösung** ($\vartheta_0 = 0$, $\vartheta_0' = 0$, alle $a_n = 0$, somit $\vartheta \equiv 0$) **verschiedene** Lösung besitzt, wenn seine Koeffizientendeterminante Δ_K verschwindet. Die Gleichung $\Delta_K = 0$ stellt daher die gesuchte Kippbedingung vor; sie dient zur Ermittlung der Eigenwerte k und damit zur Bestimmung der den Verzweigungsstellen des Gleichgewichtes zugeordneten Kipplasten P_k. Eine baupraktische Bedeutung kommt hierbei nur dem **kleinsten** der reellen und positiven Eigenwerte zu, den wir mit min k bezeichnen und zur Festlegung der kleinsten idealen Kipplast

(D 24) $$\min P_k = \min k \cdot \frac{C}{l^2}$$

verwenden.

Nehmen wir beispielsweise an, daß die Einzellast P im Schwerpunkt des **oberen Flansches** angreift (Abb. 17a), dann gilt $e = +\frac{h}{2} = +0{,}25$ m und $\frac{e}{l} = +0{,}05$, so daß der Ansatz (D 23) die Form

(D 25) $$\vartheta = \vartheta_0 + \vartheta_0' \xi + (2{,}78363\, \vartheta_0' + 0{,}13918\, k\, \vartheta_0) \cdot \xi^3 + \sum_{n=5,6,7\ldots}^{\infty} a_n \cdot \xi^n$$

annimmt und zur Kippbedingung

(D 26) $$\begin{cases} +\, 29{,}7819 - 1{,}1249 \cdot k - 3{,}0840 \cdot 10^{-2} \cdot k^2 + 5{,}096 \cdot 10^{-4} \cdot k^3 + \\ +\, 3{,}185 \cdot 10^{-6} \cdot k^4 - 2{,}929 \cdot 10^{-8} \cdot k^5 - 1{,}20 \cdot 10^{-10} \cdot k^6 + 1{,}67 \cdot 10^{-12} \cdot k^7 + \\ +\, 1{,}0 \cdot 10^{-14} \cdot k^8 - 4{,}6 \cdot 10^{-17} \cdot k^9 + \cdots = 0 \end{cases}$$

führt; die kleinste Lösung dieser Kippbedingung beträgt min $k = 19{,}66$ und liefert für die kleinste Kipplast den Wert

(D 27) $$\min P_k = 19{,}66\, \frac{2{,}38}{25{,}00} = 1{,}872\, \text{t}.$$

Greift die Einzellast P im Schwerpunkt des **unteren Flansches** an, so daß $e = -\frac{h}{2} = -0{,}25$ m und daher $\frac{e}{l} = -0{,}05$ ist, dann wird eine Kippbedingung erhalten, die sich von (D 26) bloß dadurch unterscheidet, daß die Beiwerte von k, k^3, k^5, ... das entgegengesetzte Vorzeichen aufweisen. Die kleinste Lösung dieser neuen Kippbedingung lautet min $k = 41{,}19$ und ergibt

(D 28) $$\min P_k = 3{,}921\, \text{t},$$

wobei bemerkt sei, daß die unter dieser Kipplast auftretende größte Biegerandspannung max $\sigma = 1{,}9$ t/cm² schon in der Nähe der Proportionalitäts- und Elastizitätsgrenze des verwendeten Werkstoffes (Baustahl St 37) gelegen ist.

Greift die Einzellast P weder im oberen noch im unteren Flanschschwerpunkt sondern im **Schwerpunkt des Trägerquerschnittes** an, ist also $e = 0$ und daher auch $e/l = 0$, dann wird eine Kippbedingung erhalten, die sich von (D 26) dadurch unterscheidet, daß die Glieder mit den ungeraden Potenzen von k verschwinden. Die kleinste Lösung dieser Kippbedingung beträgt min $k = 32{,}90$ und liefert

(D 29) $$\min P_k = 3{,}132 \text{ t},$$

so daß wir die folgenden Feststellungen machen dürfen: **Rückt der Angriffspunkt der Einzellast P von der Trägerachse hinauf zur oberen Flanschachse, dann wird die kleinste Kipplast des untersuchten Trägers um $40{,}2\%$ vermindert; rückt er jedoch hinunter zur unteren Flanschachse, dann wird diese Kipplast um $25{,}2\%$ erhöht.** Im ersten Fall wird das Auskippen des Trägers durch das am freien Trägerende wirksame Drillmoment (vgl. Abb. 17c) gefördert, im zweiten Fall jedoch behindert.

Zahlentafel 2. Werte ϑ.

$x/l =$	0	0,1	0,2	0,3	0,4	0,5	0,6	0,7	0,8	0,9	1,0
Fall: $e = +\dfrac{h}{2}$	1,000	0,893	0,785	0,675	0,561	0,444	0,325	0,210	0,107	0,032	0,000
Fall: $e = -\dfrac{h}{2}$	1,000	1,094	1,170	1,207	1,186	1,088	0,908	0,655	0,368	0,115	0,000
Fall: $e = 0$	1,000	0,957	0,907	0,842	0,755	0,642	0,503	0,345	0,186	0,056	0,000

Führen wir die gefundenen Lösungswerte k in das früher erwähnte System der beiden Randbedingungen ein, dessen Koeffizientendeterminante mit $\varDelta_K$ bezeichnet worden war, dann läßt sich mit Hilfe dieses Gleichungssystems die relative Größe der beiden Konstanten ϑ_0, ϑ_0' und damit auch die relative Größe aller Beiwerte a_n bestimmen. Setzen wir die gewonnenen Ergebnisse in (D 23) ein, dann können wir das Verteilungsgesetz des infinitesimalen, im Augenblick des Auskippens in Erscheinung tretenden Drillwinkels ϑ bis auf einen gemeinsamen Faktor eindeutig festlegen und dieses Gesetz in maßstäblicher Verzerrung durch eine Kurve (die sog. „Kippfigur") darstellen. Wählen wir bei dieser Darstellung als Einheit des Ordinatenmaßstabes die am freien Trägerende auftretende Verdrillung ϑ_0, setzen wir also ganz willkürlich $\vartheta_0 = 1$, dann erhalten wir in den drei untersuchten Fällen (Last am oberen Flansch, Last am

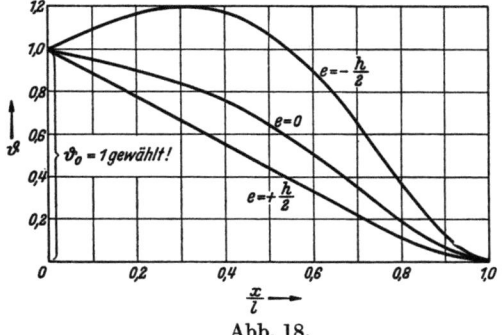

Abb. 18.

unteren Flansch, Last in der Trägerachse) die in der Zahlentafel 2 zusammengestellten Werte ϑ und damit die in der Abb. 18 gezeichneten Kippfiguren; die Verschiedenartigkeit des Verlaufes dieser drei Kippfiguren wird verständlich, wenn wir bedenken, daß am freien Trägerende im ersten der drei Fälle ein die Kippung förderndes, im zweiten ein verschwindendes und im dritten ein der Auskippung entgegenwirkendes Drillmoment wirksam ist.

Haben wir das Verteilungsgesetz des Drillwinkels ϑ bestimmt, dann können wir mit Hilfe der im Abschnitt A angegebenen allgemeinen Beziehungen auch den Verlauf der im Augenblick des Auskippens zur Geltung kommenden Wirkungsgrößen $\varkappa$, y, M, Q und M_D bis auf einen gemeinsamen Faktor festlegen. Wir wollen von diesen Größen das infinitesimale Drillmoment M_D herausgreifen und für den Fall „Lastangriff am oberen Flansch" als Funktion des Querschnittsortes darstellen. Wir könnten hierbei beispielsweise von der mittleren der drei Gleichgewichtsbedingungen (A 5) ausgehen, die mit Rücksicht auf (A 6) die Form $\dfrac{dM_D}{dx} = \dfrac{M_1 M}{B}$ annimmt und nach Einführung der aus (A 20) gewonnenen Beziehung $M = -M_1 \cdot \vartheta$ die Gleichung $\dfrac{dM_D}{d\xi} = -\dfrac{M_1^2 l}{B}\vartheta = -\dfrac{P_k^2 l^3}{B}\xi^2\vartheta$ liefert. Nach dem Einsetzen der für ϑ gefundenen Potenzreihe und der Durchführung der Integration würden wir so zu einer Reihenentwicklung gelangen, die den gesuchten Zusammenhang zwischen

38 Auskippen des durch eine stetig verteilte Querlast, durch Endmomente u. Endquerkräfte belasteten I-Trägers.

M_D und ξ festlegt; die auftretende Integrationskonstante läßt sich hierbei mit Hilfe von (D 19) bestimmen.

Zu einer wesentlich übersichtlicheren Darstellung des Drillmomentenverlaufes können wir gelangen, wenn wir von der Grundbeziehung (D 11) ausgehen. Diese Grundbeziehung läßt sich, da der Trägerquerschnitt ein konstanter ist und daher $B'_{Fl} = 0$ gilt, in der Form

$$(D\ 30) \qquad M_D = \frac{C}{l}(\vartheta' - \beta\,\vartheta''') = \left[C \cdot \frac{d\vartheta}{dx}\right] + \left[-\frac{B_{Fl}h^2}{4} \cdot \frac{d^3\vartheta}{dx^3}\right]$$

schreiben, wobei der erste Term den der normalspannungsfreien Verdrillung (der sog. St. Venantschen Verdrillung) zugeordneten Anteil und der zweite Term den der Flanschbiegung entspringenden Anteil des dem angreifenden Drillmoment entgegenwirkenden Stabwiderstandes vorstellt. Führen wir das Verteilungsgesetz, das wir für den Drillwinkel ϑ im Fall „$e = +\,h/2$" (Lastangriff am oberen Flansch) gefunden haben und in welchem der Endwert ϑ_0 willkürlich gleich Eins gesetzt worden ist, hier ein, dann erhalten

Zahlentafel 3.

$x/l =$	0	0,2	0,4	0,6	0,8	1,0
$\left[C\,\dfrac{d\vartheta}{dx}\right] =$	$-0,5062$	$-0,5190$	$-0,5514$	$-0,5601$	$-0,4366$	$0,0000$
$\left[-\dfrac{B_{Fl}h^2}{4} \cdot \dfrac{d^3\vartheta}{dx^3}\right] =$	$+0,0383$	$+0,0339$	$-0,0270$	$-0,1848$	$-0,4616$	$-0,9444$
$M_D =$	$-0,4679$	$-0,4851$	$-0,5784$	$-0,7449$	$-0,8982$	$-0,9444$

wir die in der Zahlentafel 3 angegebenen Zahlenwerte und den in der Abb. 19 dargestellten Kurvenverlauf; der für $x = 0$ gewonnene Zahlenwert wird durch die Beziehung (D 19) kontrolliert, die gleichfalls zum Wert $M_D = -P_k \cdot e \cdot \vartheta_0 = -1,872 \cdot 0,25 \cdot 1,00 = -0,4679$ tm führt. Die Abb. 19 lehrt, daß das Drillmoment in der Nähe des freien Trägerendes ausschließlich vom St. Venantschen Term $\left[C \cdot \dfrac{d\vartheta}{dx}\right]$ übernommen wird, was mit Rücksicht auf die freie Verwölbung des linken Endquerschnittes auch zu erwarten war; wie wir erkennen, muß dieser Term zusätzlich noch einen geringfügigen Drillmomentenbetrag des entgegengesetzten Vorzeichens kompensieren, der von der Verbiegung der Flanschen im rechten Trägerteil herrührt. In diesem rechten Teil der Trägerlänge nimmt der St. Venantsche Anteil immer mehr ab, während

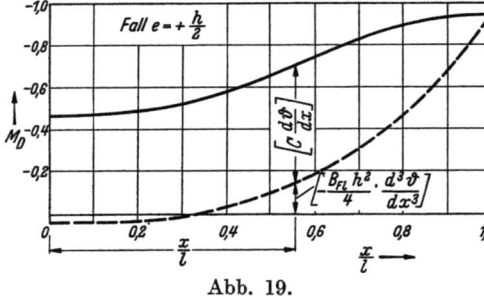

Abb. 19.

der durch die Flanschbiegung bedingte Widerstandsanteil $\left[-\dfrac{B_{Fl}h^2}{4} \cdot \dfrac{d^3\vartheta}{dx^3}\right]$ stark anwächst. An der Einspannstelle ($x = l$) wird der erste Term gleich Null, da die auf die Querschnittsverwölbung Bezug nehmende Randbedingung — die letzte der vier Randbedingungen (D 22) — das Verschwinden von $d\vartheta/dx$ vorschreibt; das Drillmoment wird hier zur Gänze von den Flanschen übernommen.

Das Kipp-Problem des in Abb. 17a dargestellten Kragträgers ist von Hartmann[1] mit Hilfe der Energiemethode und des Ritzschen Verfahrens untersucht worden; in den 3 Fällen $e = 0,25$ m, $e = -0,25$ m und $e = 0$ ergaben sich hierbei unter den gleichen Voraussetzungen — (bloß für die Flanschachsenentfernung wurde an Stelle von $h = 0,500$ m der Wert $h = 0,492$ m in Rechnung gestellt) — der Reihe nach die Kipplasten min $P_k = 2,07$ t, $4,40$ t und $3,16$ t. Die beiden ersten von diesen Werten sind um 10 bzw. 12% größer als die Lösungsergebnisse (D 27) bzw. (D 28); die Größe dieser Abweichung ist dadurch bedingt, daß der in die Rechnung eingeführte Ritzsche Näherungsansatz für das Verteilungsgesetz des Drillwinkels in den Fällen $e = +0,25$ m und $e = -0,25$ m eine nur unvollkommene Anschmiegung an das in Abb. 18 dargestellte Verteilungsgesetz gestattet.

---

[1] Hartmann, F.: Wie Fußnote 3, S. 10.

Der Sonderfall $e=0$ (Last im Querschnittsschwerpunkt) ist schon von Timoshenko[1] der Lösung zugeführt worden. Im untersuchten Beispiel liefert die von Timoshenko für verschiedene β tabellarisch festgelegte (durch die Kurve „k_4" in der Abb. 22 graphisch dargestellte) Lösung[2] den Kipplastwert $P_k = 3{,}11$ t, der mit dem Wert (D 29) gut übereinstimmt.

§ 4. Zahlenbeispiel: Der in Gabeln gelagerte, durch eine Mittenlast belastete Balkenträger mit konstantem Querschnitt.

Wir suchen die kleinste Kipplast des in Abb. 20a dargestellten Balkenträgers, der die Länge $L = 2l = 10{,}00$ m aufweist, an den Enden in Gabeln nach Abb. 2 und 16c gelagert ist und in seiner Mitte eine lotrechte, während des Auskippens lotrecht bleibende Einzellast $2P$ zu tragen hat; der Angriffspunkt dieser Einzellast liegt auf der Minimumachse des Trägerquerschnittes in der Entfernung e vom Querschnittsschwerpunkt, wobei e nach oben positiv gezählt wird. Der Trägerquerschnitt sei der gleiche wie im früheren Beispiel (vgl. Abb. 17b); die Flanschachsenentfernung beträgt somit $h = 0{,}50$ m, die auf die Minimumachse bezogene Biegesteifigkeit $B = 57{,}00$ tm^2, die auf diese Achse bezogene Biegesteifigkeit des Flanschenpaares $B_{Fl} \approx B$ und die Drillungssteifigkeit $C = 2{,}38$ tm^2.

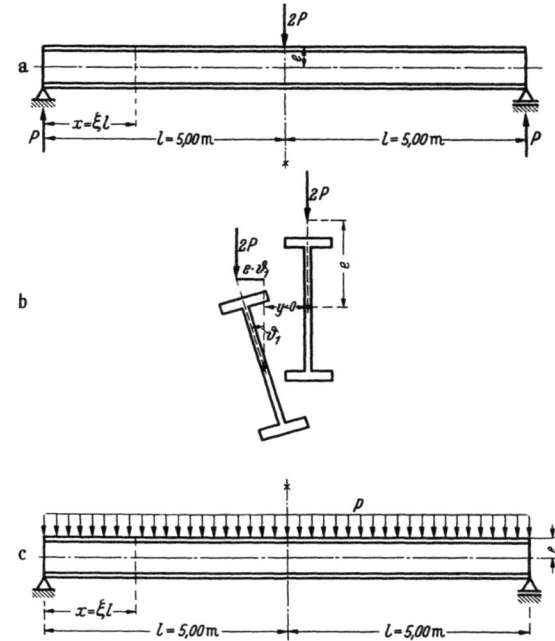

Abb. 20.

Der Balken ist bezüglich der Mitte symmetrisch gebaut und symmetrisch belastet, so daß es — im Einklang mit den Darlegungen im § 2 dieses Abschnittes — zweckmäßig erscheint, das Balkenstück der Länge $l = 5{,}00$ m als „Träger" aufzufassen; der Querschnitt am Ort $x = l = 5{,}00$ m stellt dann den „rechten Endquerschnitt" dieses Trägers vor und die dort wirksame Einzellast ist eine „Endquerkraft", deren Wirkung wir im Rahmen unserer Theorie zu berücksichtigen vermögen. Es gilt hier $M_1 = + P \cdot x = + Pl\xi$, $p = 0$, $B = \text{const}$, $B_{Fl} = \text{const}$, $C = \text{const}$ und daher $\beta = \dfrac{B_{Fl}}{C}\left(\dfrac{h}{2l}\right)^2 = \text{const}$, $B'_{Fl} = B''_{Fl} = C' = 0$, so daß die Grundgleichung (D 10) des Kipp-Problems mit der einfachen Differentialgleichung (D 17) übereinstimmt und auch die Hilfswerte (D 16) und (D 18) die gleichen sind wie früher. Von den vier Randbedingungen, die wir der allgemeinen Lösung von (D 17) auferlegen müssen, beziehen sich die beiden ersten auf die Stelle $x = 0$ und bringen zum Ausdruck, daß hier der Drillwinkel ϑ verschwinden muß und die Verwölbung der Stirnfläche — da wir keine Stirnplatte nach Abb. 9c angeordnet haben — ungehindert möglich ist [Gleichung (D 4)]. Die beiden restlichen Randbedingungen beziehen sich auf die Stelle $x = l$ der zur Mitte symmetrischen Kippfigur und enthalten eine Aussage über das hier vorhandene Drillmoment und die hier auftretende Querschnittsverwölbung. Das Drillmoment M_D ändert sich in der Balkenmitte, wie die Abb. 20b erkennen läßt, sprungweise um den Betrag $2P \cdot e \cdot \vartheta|_{\xi=1}$,

---

[1] Timoshenko, S.: Wie Fußnote 1, S. 34 und Fußnote 2, S. 25.

[2] Die strenge Lösung des Kipp-Problems hängt, wie der Aufbau der Differentialgleichung und der ihr zugeordneten Randbedingungen erkennen läßt, in den Fällen $e/h \neq 0$ (Last ober- oder unterhalb der Trägerachse) nicht nur von der Hilfsgröße β sondern auch von der Verhältniszahl $B \cdot h^2/C \cdot l^2$ ab. Da wir $B \cdot h^2/C \cdot l^2 = 4 \cdot \beta \cdot B/B_{Fl}$ schreiben können und mit praktisch ausreichender Schärfe $B_{Fl} \approx B$ setzen dürfen, ist die Lösung des Kipp-Problems auch in den Fällen $e/h \neq 0$ bloß von β abhängig und kann daher im Rahmen dieser Annäherung — wie dies in den Lösungstabellen von Timoshenko zutrifft — ausschließlich als Funktion von β dargestellt werden.

und zwar springt es mit Rücksicht auf die Symmetrie der Anordnung vom Wert $(+P \cdot e \cdot \vartheta|_{\xi=1})$ auf den Wert $(-P \cdot e \cdot \vartheta|_{\xi=1})$; für die Stelle $\xi = 1$ gilt daher die Beziehung

(D 31)
$$M_D|_{\xi=1} = +P \cdot e \cdot \vartheta|_{\xi=1},$$

die, wenn wir für M_D den aus (D 11) gewonnenen Ausdruck

(D 32)
$$M_D\Big|_{\xi=1} = \frac{C}{l}\left(\vartheta'\Big|_{\xi=1} - \beta \cdot \vartheta'''\Big|_{\xi=1}\right)$$

einsetzen, die Form

(D 33)
$$\vartheta'\Big|_{\xi=1} - \beta \cdot \vartheta'''\Big|_{\xi=1} - k\frac{e}{l}\vartheta\Big|_{\xi=1} = 0$$

annimmt. Beachten wir noch, daß die letzte der vier Randbedingungen durch die Gleichung (D 3) ausgedrückt wird, da eine Querschnittsverwölbung in der Symmetrieebene ausgeschlossen ist, dann können wir für diese vier Randbedingungen

(D 34)
$$\begin{cases} \xi = 0, \quad \vartheta = 0 \quad \text{und} \quad \vartheta'' = 0, \\ \xi = 1, \quad \beta\vartheta''' + k\frac{e}{l}\vartheta = 0 \quad \text{und} \quad \vartheta' = 0 \end{cases}$$

schreiben.

Der Lösung unserer Differentialgleichung (D 17) legen wir die Potenzreihe

(D 35)
$$\vartheta = \sum_{n=1,3,5\ldots}^{\infty} a_n \cdot \xi^n$$

zugrunde, die nur Glieder mit ungeraden Exponenten n umfaßt (die Glieder mit geradem n würden sich gleich Null ergeben) und die ersten beiden der vier Randbedingungen (D 34) schon erfüllt. Führen wir (D 35) in die Differentialgleichung (D 17) ein, ordnen wir die linke Gleichungsseite nach steigenden Potenzen von ξ und beachten wir, daß die Koeffizienten aller dieser Glieder verschwinden müssen, wenn (D 17) erfüllt sein soll, dann können wir die Beiwerte $a_5, a_7, a_9 \ldots$ durch a_1 und a_3 ausdrücken; in der Reihe (D 35) sind dann außer der Hilfsgröße k (dem „Eigenwert" des mathematischen Problems) nur mehr die beiden Konstanten a_1 und a_3 unbekannt. Zur Bestimmung dieser Konstanten stehen uns die beiden letzten der vier Randbedingungen (D 34) zur Verfügung. Setzen wir den eben gewonnenen Ausdruck für ϑ in diese Randbedingungen ein, dann gelangen wir auf zwei in a_1 und a_3 lineare und homogene Gleichungen, die nur dann eine von der trivialen Nullösung ($a_1 = a_3 = 0$, daher auch alle übrigen $a_n = 0$, somit $\vartheta \equiv 0$) verschiedene Lösung besitzen, wenn ihre Koeffizientendeterminante Δ_K verschwindet. Die Gleichung $\Delta_K = 0$ stellt die gesuchte Kippbedingung vor und dient zur Ermittlung der Eigenwerte k und damit zur Festlegung der gesuchten Verzweigungsstellen des Gleichgewichtes. Von diesen Eigenwerten ist nur der kleinste der reellen und positiven Werte, den wir mit min k bezeichnen wollen und der zur kleinsten idealen Kipplast

(D 36)
$$\min(2P_k) = \min k \cdot \frac{2C}{l^2} = \min k \cdot \frac{8C}{L^2}$$

führt, von baupraktischer Bedeutung.

Nehmen wir beispielsweise an, daß der Angriffspunkt der Einzellast $2P$ auf der oberen Flanschachse gelegen ist (Abb. 20a), so daß $e = +h/2 = +0,25$ m und $e/l = +0,05$ wird, dann gelangen wir auf diese Weise zur Kippbedingung

(D 37)
$$\begin{cases} +178{,}694 - 6{,}7497\,k - 1{,}4768\,k^2 + 3{,}052 \cdot 10^{-3} \cdot k^3 + 3{,}757 \cdot 10^{-4} \cdot k^4 - \\ -1{,}85 \cdot 10^{-7} \cdot k^5 - 1{,}59 \cdot 10^{-8} \cdot k^6 + 2{,}97 \cdot 10^{-12} \cdot k^7 + \cdots = 0, \end{cases}$$

deren kleinste Lösung min $k = 9{,}096$ beträgt und für die kleinste Kipplast den Wert

(D 38)
$$\min(2P_k) = 9{,}096\,\frac{8 \cdot 2{,}38}{100} = 1{,}732\,\text{t}$$

liefert. Greift die Einzellast $2P$ im Schwerpunkt des unteren Flansches an, so daß $e = -h/2 = -0{,}25$ m und $e/l = -0{,}05$ ist, dann wird eine Kippbedingung erhalten, die sich von (D 37) bloß dadurch unterscheidet, daß die Beiwerte von k, k^3, $k^5 \ldots$ das entgegengesetzte Vorzeichen aufweisen. Die kleinste Lösung dieser neuen Kippbedingung lautet min $k = 13{,}679$ und ergibt für die kleinste Kipplast den Wert

(D 39) $$\min(2P_k) = 2{,}604 \text{ t}.$$

Nehmen wir schließlich an, daß die Einzellast $2P$ im Schwerpunkt des Trägerquerschnittes wirksam ist, so daß $e = 0$ und damit auch $e/l = 0$ gilt, dann gelangen wir zu einer Kippbedingung, die sich von (D 37) durch den Wegfall aller Glieder mit ungeraden Potenzen unterscheidet; die kleinste Lösung dieser Kippbedingung beträgt min $k = 11{,}178$ und ergibt

(D 40) $$\min(2P_k) = 2{,}128 \text{ t}.$$

Das hier behandelte Kipp-Problem ist schon von Timoshenko[1] untersucht worden; die von Timoshenko für verschiedene Werte β tabellarisch zusammengestellten (durch die Kurven „k_6", „k_7" und „k_5" in der Abb. 23 graphisch festgelegten) Lösungen[2] führen im Rahmen unseres Zahlenbeispiels zu den Kipplasten $\min(2P_k) = 1{,}74$ t, $2{,}59$ t und $2{,}12$ t, die mit den Werten (D 38), (D 39) und (D 40) gut übereinstimmen.

§ 5. Zahlenbeispiel: Der in Gabeln gelagerte, gleichmäßig vollbelastete Balkenträger mit konstantem Querschnitt.

Wir suchen die kleinste Kipplast des in Abb. 20c gezeichneten Balkenträgers, der die Länge $L = 2l = 10{,}00$ m aufweist, an beiden Enden in Gabeln nach Abb. 2 und 16c gelagert ist und eine gleichmäßig verteilte, lotrechte (auch während des Auskippens lotrecht bleibende) Querbelastung der Intensität p zu tragen hat; der Angriffspunkt der einzelnen Elementarlasten $p \cdot dx$ ist auf der Minimumachse des Trägerquerschnittes in der Entfernung e von der Trägerachse gelegen, wobei e nach oben positiv gezählt wird. Der Trägerquerschnitt sei der gleiche wie im früheren Beispiel (vgl. Abb. 17b); die Flanschachsen-Entfernung beträgt somit $h = 0{,}50$ m, die auf die Minimumachse bezogene Biegesteifigkeit $B = 57{,}00$ tm^2, die auf diese Achse bezogene Biegesteifigkeit des Flanschenpaares $B_{\text{Fl}} \approx B$ und die Drillungssteifigkeit $C = 2{,}38$ tm^2.

Mit Rücksicht auf die Symmetrie der Anlage und Belastung fassen wir auch hier das Balkenstück der Länge $l = 5{,}00$ m als „Träger" auf und sehen dementsprechend den Querschnitt an der Stelle $x = l$ als den „rechten Endquerschnitt" dieses Trägers an. Es gilt dann $M_1 = plx - \frac{1}{2}px^2 = pl^2\left(\xi - \frac{1}{2}\xi^2\right)$, $B = \text{const}$, $B_{\text{Fl}} = \text{const}$ und daher $\beta = \frac{B_{\text{Fl}}}{C}\left(\frac{h}{2l}\right)^2 = \text{const}$, $B'_{\text{Fl}} = B''_{\text{Fl}} = C' = 0$, so daß die Differentialgleichung (D 10) die Form

(D 41) $$\beta\vartheta'''' - \vartheta'' - \frac{C}{B}k^2\left(\xi - \frac{1}{2}\xi^2\right)^2\vartheta - \frac{e}{l}k\vartheta = 0$$

annimmt, wobei

(D 42) $$k = \frac{pl^3}{C}$$

bedeutet und die Hilfswerte β und C/B durch die Beziehungen (D 18) bestimmt werden. Die Randbedingungen sind im Wesen die gleichen wie im früheren Beispiel, nur müssen wir beachten, daß der durch (D 32) festgelegte Wert M_D an der Stelle $x = l$ nunmehr gleich Null ist, da das Drillmoment nicht nur antimetrisch, sondern mit Rücksicht auf die Stetigkeit der äußeren Belastung auch stetig verlaufen muß. Wir haben daher für die vier Randbedingungen hier

(D 43) $$\begin{cases} \xi = 0, & \vartheta = 0 \quad \text{und} \quad \vartheta'' = 0 \\ \xi = 1, & \vartheta''' = 0 \quad \text{und} \quad \vartheta' = 0 \end{cases}$$

zu schreiben.

Die Lösung der Differentialgleichung (D 41) setzen wir als Potenzreihe

(D 44) $$\vartheta = a_1\xi + a_3\xi^3 + a_5\xi^5 + \sum_{n=7,8,9,}^{\infty} a_n\xi^n$$

---

[1] Timoshenko, S.: Wie Fußnote 1, S. 34, und Fußnote 2, S. 25. — [2] Vgl. Fußnote 2, S. 39.

an, die — wie wir uns leicht überzeugen können — schon die beiden ersten der vier Randbedingungen (D 43) erfüllt. Führen wir (D 44) in (D 41) ein, dann können wir ebenso wie früher die Beiwerte a_5, a_7, a_8, ... durch a_1 und a_3 ausdrücken und damit erreichen, daß im Lösungsansatz außer der Hilfsgröße k (dem „Eigenwert" des mathematischen Problems) nur mehr die beiden Konstanten a_1 und a_3 als Unbekannte vorkommen. Zur Bestimmung dieser Konstanten stehen uns die beiden letzten der vier Randbedingungen (D 43) zur Verfügung. Setzen wir den eben gewonnenen Ausdruck für ϑ in diese beiden Randbedingungen ein, dann gelangen wir auf zwei in a_1 und a_3 lineare, homogene Gleichungen, die nur dann eine von der trivialen Nullösung ($a_1 = a_3 = 0$, daher auch alle übrigen $a_n = 0$, somit $\vartheta \equiv 0$) verschiedene Lösung besitzen, wenn ihre Koeffizientendeterminante $\varDelta_K$ verschwindet. Die Gleichung $\varDelta_K = 0$ stellt daher die gesuchte Kippbedingung vor und dient zur Ermittlung der Eigenwerte k und damit zur Bestimmung der den Verzweigungsstellen des Gleichgewichtes zugeordneten Belastungsintensitäten p_k. Von den reellen und positiven Eigenwerten ist nur der kleinste, den wir mit min k bezeichnen wollen und der den kleinsten kritischen Intensitätswert

$$\text{(D 45)} \qquad \min p_k = \min k \cdot \frac{C}{l^3}$$

liefert, von baupraktischer Bedeutung. Nehmen wir beispielsweise an, daß die Belastung p in der Höhe $e = +h/2 = +0{,}25$ m oberhalb der Trägerachse wirksam ist, so daß $e/l = +0{,}05$ beträgt, dann erhalten wir auf diese Weise die Kippbedingung

$$\text{(D 46)} \qquad \begin{cases} +178{,}694 - 3{,}3747\,k - 0{,}5359\,k^2 + 1{,}118 \cdot 10^{-3} \cdot k^3 + \\ + 1{,}86 \cdot 10^{-4} \cdot k^4 - 6{,}21 \cdot 10^{-8} \cdot k^5 + 4{,}7 \cdot 10^{-11} \cdot k^6 + \cdots = 0 \,, \end{cases}$$

deren kleinste Lösung min $k = 16{,}25$ lautet und zur Kippbelastungsintensität

$$\text{(D 47)} \qquad \min p_k = 16{,}25 \, \frac{2{,}38}{125} = 0{,}309 \text{ t/m}$$

führt.

Das hier geschilderte Problem ist schon von Timoshenko[1] mit Hilfe der Energiemethode untersucht worden; die von Timoshenko für verschiedene Werte β tabellarisch angegebene (durch die Kurve „k_{11}" in der Abb. 23 graphisch dargestellte) Lösung[2] liefert in unserem Zahlenbeispiel den Wert $p_k = 0{,}300$ t/m, der mit (D 47) gut übereinstimmt.

§ 6. Die Lösungen von Timoshenko und Stüssi für die Kippbelastung von I-Trägern mit konstantem Querschnitt.

Timoshenko[1,3,4] hat das Kipp-Problem des I-Trägers mit konstantem, doppelt-symmetrischem Querschnitt für verschiedene Fälle der Belastung und Lagerung der Lösung zugeführt und Stüssi[5,6] hat einfache Näherungsformeln für die Kipplasten entwickelt, die den Einfluß der Flanschbiegung und den Einfluß der Höhenlage des Lastangriffspunktes deutlich erkennen lassen. Diese Lösungsergebnisse sollen mit Rücksicht auf die ihnen zukommende baupraktische Bedeutung im folgenden kurz wiedergegeben werden; nach wie vor stellt hierbei B die auf die Minimumachse des Trägerquerschnittes bezogene Biegesteifigkeit des Trägers, $B_{Fl} \approx B$ die auf diese Achse bezogene Biegesteifigkeit des Flanschenpaares, C die Drillungssteifigkeit des Trägers, h die gegenseitige Entfernung der Flanschachsen, l die Trägerlänge und β den Hilfswert

$$\text{(D 48)} \qquad \beta = \frac{B_{Fl}}{C} \left(\frac{h}{2\,l}\right)^2 = \text{const}$$

vor.

---

[1] Timoshenko, S.: Wie Fußnote 2, S. 25. — [2] Vgl. Fußnote 2, S. 39.
[3] Timoshenko, S.: Wie Fußnote 1, S. 34.
[4] Timoshenko, S.: Theory of Elastic Stability, New York u. London, 1936, V. Kapitel; vgl. auch die diesbezüglichen Referate im Handbuch der phys. und techn. Mechanik, Bd. IV/1, S. 123, Leipzig 1931, oder im Vorbericht des I. Int. Kongr. f. Brücken- u. Hochbau in Paris 1932, S. 129.
[5] Stüssi, F.: Wie Fußnote 3, S. 10.
[6] Stüssi, F.: Ber. der Eidg. Mat. Prüfgs.-Anst. Zürich Nr. 90 (1935) S. 26.

Die Lösungen von Timoshenko und Stüssi für die Kippbelastung von I-Trägern mit konstantem Querschnitt. 43

a) Der Balken wird durch die Druckkraft D und die gegengleichen Endmomente $\mathfrak{M}$ beansprucht und ist in Gabeln gelagert (Abb. 21a und f). Die Lösung dieser Aufgabe, die im Abschnitt C, § 4, vorgeführt wurde, ergibt für das kleinste kritische Biegemoment die Beziehung

$$\text{(D 49)} \qquad \min \mathfrak{M}_k = \frac{\pi \sqrt{BC}}{l} \cdot \sqrt{1 + \pi^2 \beta} \cdot \sqrt{1 - \frac{D l^2}{\pi^2 B}}.$$

Im Sonderfall $D = 0$ kann (D 49) in der Form

$$\text{(D 50)} \qquad \min \mathfrak{M}_k = k_1 \frac{\sqrt{BC}}{l}$$

geschrieben werden, wobei k_1 in der Abb. 22 als Funktion von β dargestellt ist.

b) Der Balken wird durch die Druckkraft D und die gegengleichen Endmomente $\mathfrak{M}$ beansprucht und ist in waagerechter Richtung starr eingespannt (Abb. 21a und g). Aus der im Abschnitt C, § 5, angegebenen Lösung folgt für das kleinste kritische Biegemoment

$$\text{(D 51)} \qquad \min \mathfrak{M}_k = \frac{2 \pi \sqrt{BC}}{l} \sqrt{1 + 4\pi^2 \beta} \sqrt{1 - \frac{D l^2}{4 \pi^2 B}}.$$

Im Sonderfall $D = 0$ läßt sich diese Beziehung in der Form

$$\text{(D 52)} \qquad \min \mathfrak{M}_k = k_2 \frac{\sqrt{BC}}{l}$$

schreiben und k_2 aus dem Diagramm Abb. 22 entnehmen.

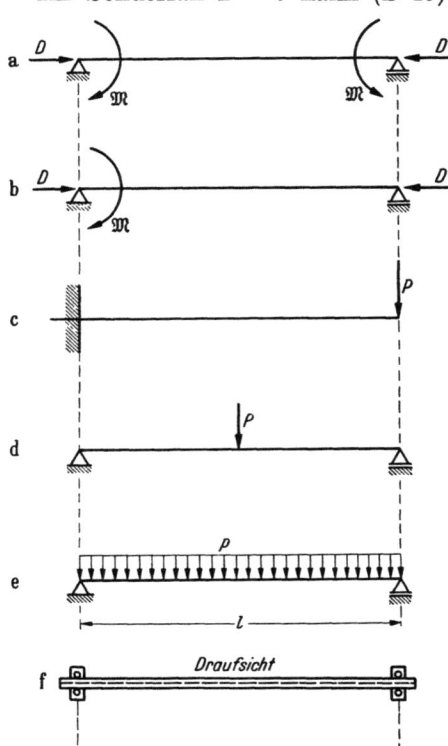

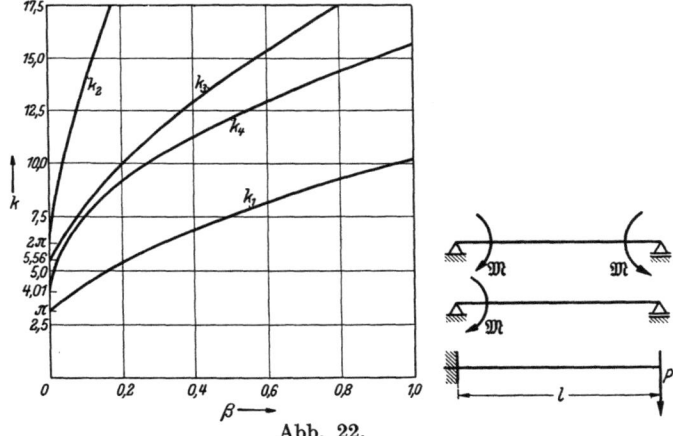

Abb. 21.   Abb. 22.

c) Der Balken wird durch die Druckkraft D und das Endmoment $\mathfrak{M}$ beansprucht und ist in Gabeln gelagert (Abb. 21b und f). Nach Stüssi gilt hier die Beziehung

$$\text{(D 53)} \qquad \min \mathfrak{M}_k \approx \frac{5{,}56 \sqrt{BC}}{l} \sqrt{1 + 11{,}2 \beta} \sqrt{1 - \frac{D l^2}{\pi^2 B}},$$

für die im Sonderfall $D = 0$

$$\text{(D 54)} \qquad \min \mathfrak{M}_k = k_3 \frac{\sqrt{BC}}{l}$$

geschrieben werden kann, wobei k_3 durch die Ordinaten der Kurve „k_3" (Abb. 22) bestimmt wird. Dem in der Gleichung (D 53) auftretenden Faktor 5,56 werden wir im Abschnitt F, Gleichung (F 18), in einem anderen Zusammenhang noch einmal begegnen; auch die in den

Formeln (D 56), (D 57), (D 61), (D 67) auftretenden Beiwerte werden im Abschnitt F nochmals in Erscheinung treten.

d) Der Träger ist ein Kragträger, der am freien Ende durch eine Einzellast belastet wird (Abb. 21c). Greift die Einzellast P im Schwerpunkt des Endquerschnittes an, ist also $e=0$ (vgl. § 3 dieses Abschnittes), dann gilt nach Timoshenko die Beziehung

$$(D\ 55) \qquad \min P_k = k_4 \frac{\sqrt{BC}}{l^2},$$

deren Beiwert k_4 in der Abb. 22 als Funktion der Hilfsgröße β dargestellt ist. Im Bereich $\beta \leq 0{,}03$ kann diese Lösung durch die Formel

$$(D\ 56) \qquad \min P_k \approx 4{,}01 \frac{\sqrt{BC}}{l^2} \cdot \frac{1}{(1-\sqrt{\beta})^2}$$

approximiert werden; für den Bereich $\beta > 0{,}03$, in welchem (D 56) auf Kipplasten führen würde, die sich von den Lösungswerten (D 55) in stark anwachsendem Maße unterscheiden, sei die neue Formel

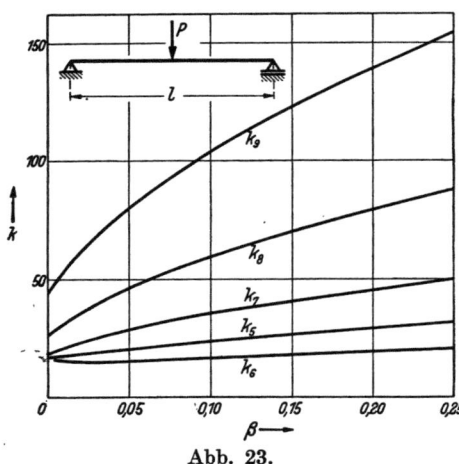

Abb. 23.

$$(D\ 57) \qquad \min P_k \approx 4{,}01 \frac{\sqrt{BC}}{l^2}(1 + 2{,}7\sqrt{\beta})$$

vorgeschlagen. Greift die Einzellast P nicht im Schwerpunkt des Trägerquerschnittes, sondern am oberen oder unteren Flansch an, dann muß der Kipplastwert (D 56) bzw. (D 57) noch mit einem Faktor c multipliziert werden, der nach Stüssi

$$(D\ 58) \qquad \begin{cases} c_{\text{oben}} = (\sqrt{1 + 1{,}69\,\beta} - 1{,}30\sqrt{\beta}) \\ c_{\text{unten}} = (\sqrt{1 + 1{,}69\,\beta} + 1{,}30\sqrt{\beta}) \end{cases}$$

beträgt.

Wenden wir die Gleichungen (D 57) und (D 58) bei der Ermittlung der Kipplast des im § 3 dieses Abschnittes untersuchten Kragträgers an, dann erhalten wir

$$(D\ 59) \quad \begin{cases} \text{Last im Schwerpunkt,} & P_k = 4{,}01 \frac{\sqrt{57{,}0 \cdot 2{,}38}}{25}\left(1 + 2{,}7\sqrt{0{,}0599}\right) = 3{,}10\ \text{t} \\ \text{Last am Oberflansch,} & P_k = 3{,}10\left(\sqrt{1 + 1{,}69 \cdot 0{,}0599} - 1{,}30\sqrt{0{,}0599}\right) = 2{,}27\ \text{t} \\ \text{Last am Unterflansch,} & P_k = 3{,}10\left(\sqrt{1 + 1{,}69 \cdot 0{,}0599} + 1{,}30\sqrt{0{,}0599}\right) = 4{,}24\ \text{t}. \end{cases}$$

Der Vergleich dieser Werte mit den im § 3 gefundenen genauen Werten $P_k = 3{,}132$ t, $1{,}872$ t und $3{,}921$ t zeigt nur im ersten der drei Fälle eine gute Übereinstimmung; eine weitere Zuschärfung der Formeln (D 58) erscheint daher wünschenswert.

e) Der Balken ist durch eine Mittenlast P belastet und in Gabeln gelagert (Abb. 21d und f). In den Fällen „Last im Querschnittsschwerpunkt", „Last am oberen Flansch" und „Last am unteren Flansch" gilt hier nach Timoshenko

$$(D\ 60) \quad \min P_k = k_5 \cdot \frac{\sqrt{BC}}{l^2}, \quad \text{bzw.} \quad \min P_k = k_6 \cdot \frac{\sqrt{BC}}{l^2}, \quad \text{bzw.} \quad \min P_k = k_7 \cdot \frac{\sqrt{BC}}{l^2},$$

wobei k_5, k_6 und k_7 aus der Abb. 23 zu entnehmen ist[1].

Stüssi hat für den Fall „Last im Querschnitts-Schwerpunkt" die Formel

$$(D\ 61) \qquad \min P_k \approx 16{,}94 \frac{\sqrt{BC}}{l^2} \cdot \sqrt{1 + 10{,}2\,\beta}$$

angegeben; greift P am oberen oder unteren Flansch an, dann muß die rechte Seite dieser Gleichung noch mit dem Faktor

$$(D\ 62) \qquad \begin{cases} c_{\text{oben}} = (\sqrt{1 + 3{,}24\,\beta} - 1{,}80\sqrt{\beta}) \\ c_{\text{unten}} = (\sqrt{1 + 3{,}24\,\beta} + 1{,}80\sqrt{\beta}) \end{cases}$$

multipliziert werden.

---

[1] Vgl. Fußnote 2, S. 39.

Die Lösungen von Timoshenko und Stüssi für die Kippbelastung von I-Trägern mit konstantem Querschnitt. 45

Wenden wir die Formeln (D 61) und (D 62) im Rahmen des Zahlenbeispieles an, das wir im § 4 dieses Abschnittes untersucht haben, dann erhalten wir die Werte

(D 63) $\begin{cases} \text{Last im Schwerpunkt,} & P_k = 16{,}94\,\dfrac{\sqrt{57{,}0 \cdot 2{,}38}}{100}\sqrt{1 + 10{,}2 \cdot 0{,}01497} = 2{,}12\text{ t} \\ \text{Last am Oberflansch,} & P_k = 2{,}12\,(\sqrt{1 + 3{,}24 \cdot 0{,}01497} - 1{,}80\,\sqrt{0{,}01497}) = 1{,}71\text{ t} \\ \text{Last am Unterflansch,} & P_k = 2{,}12\,(\sqrt{1 + 3{,}24 \cdot 0{,}01497} + 1{,}80\,\sqrt{0{,}01497}) = 2{,}63\text{ t,} \end{cases}$

die mit den genauen Werten $P_k = 2{,}128$ t, $1{,}732$ t und $2{,}604$ t gut übereinstimmen.

f) Der Balken ist durch eine Mittenlast P belastet und in waagerechter Richtung starr eingespannt (Abb. 21d u. g). Greift P im Schwerpunkt des Trägerquerschnittes an, dann gilt nach Timoshenko

(D 64) $\qquad \min P_k = k_8 \dfrac{\sqrt{BC}}{l^2},$

wobei k_8 durch die Ordinaten der Kurve „k_8" (Abb. 23) bestimmt wird.

g) Der Balken ist durch eine Mittenlast P belastet und wird sowohl an den Enden als auch in der Mitte in Gabeln gelagert (Abb. 21d u. h). Greift P im Schwerpunkt des Trägerquerschnittes an, dann beträgt die kleinste Kipplast nach Timoshenko

(D 65) $\qquad \min P_k = k_9 \dfrac{\sqrt{BC}}{l^2};$

der Beiwert k_9 ist in seiner Abhängigkeit von β in der Abb. 23 dargestellt worden.

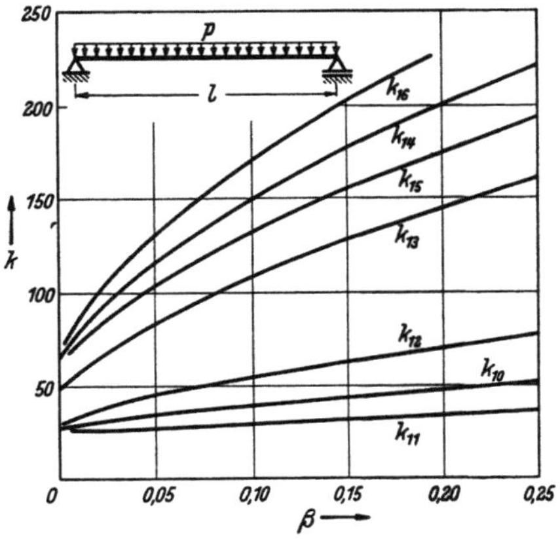

Abb. 24.

h) Der Balken hat eine gleichmäßig verteilte Vollbelastung p zu tragen und ist in Gabeln gelagert (Abb. 21e u. f). In den Fällen „Last im Querschnittsschwerpunkt", „Last am oberen Flansch" und „Last am unteren Flansch" gilt hier nach Timoshenko

(D 66) $\quad \min p_k = k_{10}\dfrac{\sqrt{BC}}{l^3} \quad \text{bzw.} \quad \min p_k = k_{11}\dfrac{\sqrt{BC}}{l^3}, \quad \text{bzw.} \quad \min p_k = k_{12}\dfrac{\sqrt{BC}}{l^3},$

wobei k_{10}, k_{11} und k_{12} aus der Abb. 24 zu entnehmen ist[1].

Nach Stüssi darf die kritische Belastungsintensität, wenn die Last in der Trägerachse angreift, mit Hilfe der Formel

(D 67) $\qquad \min p_k \approx 28{,}32\,\dfrac{\sqrt{BC}}{l^3}\sqrt{1 + 10\,\beta}$

berechnet werden; ist die Last am oberen oder unteren Flansch wirksam, dann muß dieses Ergebnis noch mit dem Faktor

(D 68) $\begin{cases} c_{\text{oben}} = (\sqrt{1 + 2{,}10\,\beta} - 1{,}45\,\sqrt{\beta}) \\ c_{\text{unten}} = (\sqrt{1 + 2{,}10\,\beta} + 1{,}45\,\sqrt{\beta}) \end{cases}$

multipliziert werden.

Wenden wir die Formeln im Rahmen des Zahlenbeispieles an, das wir im § 5 dieses Abschnittes untersucht haben, dann erhalten wir

(D 69) $\quad \begin{cases} \min p_k = 28{,}32\,\dfrac{\sqrt{57{,}0 \cdot 2{,}38}}{1000}\sqrt{1 + 10 \cdot 0{,}01497}\cdot(\sqrt{1 + 2{,}10 \cdot 0{,}01497} \\ \qquad\qquad\qquad - 1{,}45\,\sqrt{0{,}01497}) = 0{,}296\text{ t/m} \end{cases}$

in guter Übereinstimmung mit unserem strengen Lösungswert $\min p_k = 0{,}309$ t/m.

i) Der Balken hat eine gleichmäßig verteilte Vollbelastung p zu tragen und ist in waagerechter Richtung starr eingespannt (Abb. 21e und g). Sind die Lastangriffspunkte in der Trägerachse gelegen, dann gilt nach Timoshenko

(D 70) $\qquad \min p_k = k_{13}\dfrac{\sqrt{BC}}{l^3},$

wobei k_{13} durch die Ordinaten der Kurve „k_{13}" (Abb. 24) bestimmt wird.

---
[1] Vgl. Fußnote 2, S. 39.

k) Der Balken hat eine gleichmäßige Vollbelastung p zu tragen und ist sowohl an den Enden als auch in der Mitte in Gabeln gelagert (Abb. 21e und h). In den Fällen „Last in der Trägerachse angreifend", „Last am oberen Flansch" und „Last am unteren Flansch" gilt hier nach Timoshenko

(D 71) $\quad \min p_k = k_{14} \dfrac{\sqrt{BC}}{l^3}, \quad$ bzw. $\quad \min p_k = k_{15} \dfrac{\sqrt{BC}}{l^3}, \quad$ bzw. $\quad \min p_k = k_{16} \dfrac{\sqrt{BC}}{l^3},$

wobei k_{14}, k_{15} und k_{16} aus der Abb. 24 zu entnehmen ist[1].

Abschließend sei noch vermerkt, daß wir den Einfluß, den die „endlich große Hauptkrümmung" auf die Kipplast nimmt, in allen angeführten Formeln näherungsweise dadurch berücksichtigen können, daß wir an Stelle der vorhandenen Biegesteifigkeit B den im Abschnitt B abgeleiteten idellen Wert B_{id} nach Gleichung (B 22) oder (B 23) in die Rechnung einführen. Auch sei daran erinnert, daß die angegebenen Kipplastwerte an die Voraussetzung des Hookeschen Formänderungsgesetzes gebunden sind und im Fall der „Auskippung im unelastischen Formänderungsbereich" nach den im § 4 des Abschnittes A angegebenen Regeln abgemindert werden müssen.

§ 7. Über das Auskippen von Trägermasten.

Schleifleitungen elektrischer Bahnen und auch Hochspannungsleitungen werden nicht selten an Masten montiert, die aus gewalzten Trägern (Walzträger mit Normalprofilen oder Peiner-Träger[2]) bestehen; denn die Vorteile, die solche „Trägermaste" im Vergleich zu den Gittermasten bieten — wie etwa die geringeren Anarbeitungs- und Erhaltungskosten, das gute Einfügen in das Landschaftsbild und die gute Streckenübersicht im Bahnbetrieb, die glatte (vor dem unbefugten Besteigen schützende) Oberfläche und die kleinen Fundamente — vermögen die Nachteile des größeren Werkstoffverbrauches und der geringeren Drillungssteifigkeit unter Umständen erheblich zu überwiegen. Während die Stabilitätsprobleme, die bei der Dimensionierung von Gittermasten auftreten[3], Probleme der Stabknickung sind, kommt bei der Bemessung von Trägermasten das Stabilitätsproblem der Kippung — und zwar vor allem der Kippung unter einem waagerechten Spitzenzug — zur Geltung; der Mast stellt hierbei einen einseitig eingespannten, lotrechten Träger dar, der durch eine am freien Ende angreifende waagerechte Einzellast belastet wird[4].

Da die durch (D 48) festgelegte Hilfsgröße β bei den im Mastbau vorkommenden Trägerquerschnitten sehr klein ist, dürfen wir den kleinsten kritischen Wert P_k des waagerechten Spitzenzuges mit Hilfe der Näherungsformel (D 56) bestimmen, in die wir — um dem Einfluß der „endlich großen Hauptkrümmung" angenähert Rechnung zu tragen — an Stelle der tatsächlich vorhandenen Biegesteifigkeit B den durch (B 22) festgelegten ideellen Wert

(D 72) $$B_{id} = B \cdot \dfrac{B_1}{B_1 - B} \cdot \dfrac{B_1}{B_1 - 2C}$$

einführen wollen; für die größte Biegedruckspannung $\max \sigma_d$, die im Träger unter der Last P_k auftreten würde, wenn der Trägerwerkstoff unbeschränkt dem Hookeschen Formänderungsgesetz gehorchen würde, können wir dann die Beziehung

(D 73) $$\max \sigma_d = \dfrac{P_k l}{W_1} = \dfrac{4{,}01\, l}{(l - l\sqrt{\beta})^2} \cdot \dfrac{\sqrt{B_{id}\, C}}{W_1}$$

anschreiben, in welcher l die freie Mastlänge und

(D 74) $$W_1 = 2 \cdot \dfrac{J_{\max}}{h}$$

das Widerstandsmoment des Trägerquerschnittes bedeutet.

---

[1] Vgl. Fußnote 2, S. 39.
[2] Vgl. Der P-Träger Bd. 4 (1933) S. 1, und Bd. 7 (1936) S. 15, sowie Les Poutrelles H (Paris) 1938, Heft 2.
[3] Bezüglich der Bemessung und baulichen Durchbildung von Masten aller Bauarten vgl. das Buch von K. Girkmann u. E. Königshofer: Die Hochspannungs-Freileitungen, Wien 1938.
[4] Über experimentelle Untersuchungen dieser Art vgl. K. Krummel: Elektr. Bahnen Bd. 5 (1929) S. 257; M. M. Claude: Les Poutrelles H (Paris) 1938, Heft 2. Die ersten Kippversuche mit einseitig eingespannten I-Trägern sind von S. Timoshenko (Mitt. T. H. St. Petersburg, 1906) durchgeführt worden.

Die in (D 73) auftretenden Größen $\frac{\sqrt{B_{id}C}}{W_1}$ und $l\sqrt{\beta} \equiv \frac{h}{2}\cdot\sqrt{\frac{B_{Fl}}{C}}$ ändern sich bei den Walzträgern mit Normalprofilen — wie schon Stüssi[1] erwähnt hat — angenähert linear mit der Trägerhöhe h und können innerhalb des Profilbereiches I 10 bis I 60 mit Hilfe der Näherungsformeln

(D 75) $\begin{cases} \frac{\sqrt{B_{id}\cdot C}}{W_1} \approx 99 + 7{,}8\,h \\ h = 10 \text{ bis } 30 \text{ cm}, \quad l\sqrt{\beta} \approx 2{,}3 + 2{,}22\,h \\ h = 30 \text{ bis } 60 \text{ cm}, \quad l\sqrt{\beta} \approx 21{,}2 + 1{,}59\,h \end{cases}$

bestimmt werden (vgl. Abb. 25); für die Peiner-Träger IP 14 bis IP 30 gewinnen wir in ähnlicher Weise (vgl. Abb. 25)

(D 76) $\begin{cases} \frac{\sqrt{B_{id}\cdot C}}{W_1} \approx 424 + 30\,h \\ l\sqrt{\beta} \approx -39 + 7{,}68\,h. \end{cases}$

Bei der Ermittlung dieser Beziehungen ist für den Elastizitätsmodul $E = 2100\ \text{t/cm}^2$, für den Gleitmodul $G = 810\ \text{t/cm}^2$, für die Biegesteifigkeit des Flanschenpaares $B_{Fl} \approx B_{id}$ und für die Drillungssteifigkeit $C \equiv G\cdot J_D = G\cdot 1{,}25\sum\frac{b\,d^3}{3}$ (vgl. Abschnitt A, § 1) eingesetzt worden; die Trägerhöhe h ist in cm auszudrücken und $l\sqrt{\beta}$ wird in cm,

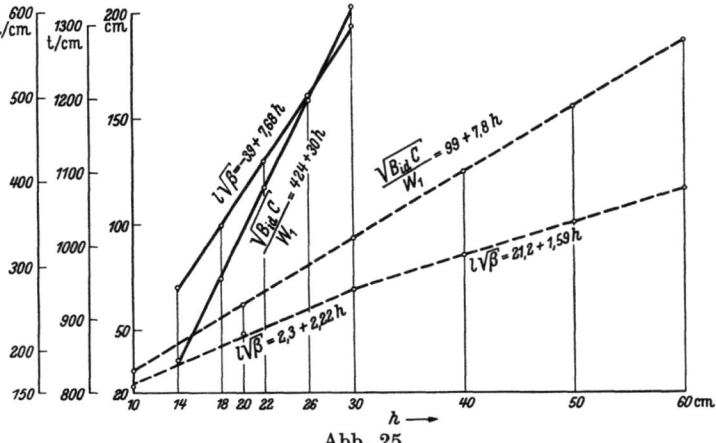

Abb. 25.

$\frac{\sqrt{B_{id}\cdot C}}{W_1}$ in t/cm erhalten. Die Näherungsbeziehung (D 73) nimmt nach der Einführung von (D 75) und (D 76), wenn wir uns auf Walzträger I 10 bis I 30 beziehen, die Form

(D 77) $\qquad \max \sigma_d \approx 4{,}01\,l\cdot \frac{99 + 7{,}8\,h}{(l - 2{,}3 - 2{,}22\,h)^2},$

und wenn wir uns auf Peiner-Träger IP 14 bis IP 30 beziehen, die Form

(D 78) $\qquad \max \sigma_d \approx 4{,}01\,l\cdot \frac{424 + 30\,h}{(l + 39 - 7{,}68\,h)^2}$

an; h und l ist hierbei in cm einzusetzen und $\max\sigma_d$ wird in t/cm^2 ausgedrückt.

Stellen wir uns nun beispielsweise die Frage, wie groß die freie Mastlänge l mindestens sein muß, damit das Auskippen unter einem waagerechten Spitzenzug noch innerhalb des elastischen Formänderungsbereiches eintritt, dann können wir diese Frage leicht beantworten, wenn wir in die Gleichungen (D 77) und (D 78) den Spannungswert $\max\sigma_d = \sigma_P \approx 2{,}00\ \text{t/cm}^2$ einsetzen und l ermitteln. Wir gelangen so zu der Zusammenstellung

(D 79) $\begin{cases} \text{I } 10 \ \ldots\ l \geq 402\ \text{cm} \\ \text{I } 20 \ \ldots\ 601\ \text{cm} \\ \text{I } 30 \ \ldots\ 800\ \text{cm} \\ \text{IP } 14 \ \ldots\ 1827\ \text{cm} \\ \text{IP } 22 \ \ldots\ 2426\ \text{cm} \\ \text{IP } 30 \ \ldots\ 3025\ \text{cm}, \end{cases}$

aus der wir entnehmen, daß die aus Walzträgern mit Normalprofilen gebildeten Maste bei den praktisch vorkommenden Längen l noch innerhalb des elastischen Formänderungs-

---

[1] Stüssi, F.: Wie Fußnote 3, S. 10.

48 Auskippen des durch eine stetig verteilte Querlast, durch Endmomente u. Endquerkräfte belasteten I-Trägers.

bereiches auszukippen beginnen, daß jedoch die aus den breitflanschigen Peiner-Trägern gebildeten Maste über eine genügend große Kippsteifigkeit verfügen, um das Auskippen erst tief im unelastischen Formänderungsbereich zuzulassen.

Wir können uns weiter auch die Frage vorlegen, wie groß die freie Mastlänge l höchstens sein darf, wenn das Auskippen des Mastes unter dem waagerechten Spitzenzug nicht früher als das örtliche Fließen des Baustahls eintreten soll, wenn also die vorhandene Sicherheit gegen das Auskippen ebenso groß sein soll wie die im Sinne der klassischen Fließtheorie vorhandene Sicherheit gegen den Beginn der örtlichen Plastizierung des Werkstoffes. Legen wir der Beantwortung dieser Frage das im Abschnitt A, § 4, geschilderte Abminderungsverfahren sowie die derzeit geltende deutsche Knickvorschrift zugrunde, dann muß der ideelle Schlankheitsgrad (A 31) kleiner oder gleich 60 und daher die von unserer Kipptheorie gelieferte größte Flanschdruckspannung max $\sigma_d \geq 5{,}76$ t/cm² sein. Führen wir den Wert max $\sigma_d = 5{,}76$ t/cm² in die Näherungsbeziehungen (D 77) und (D 78) ein und ermitteln wir die zugeordnete freie Mastlänge l, dann gelangen wir zu den Werten

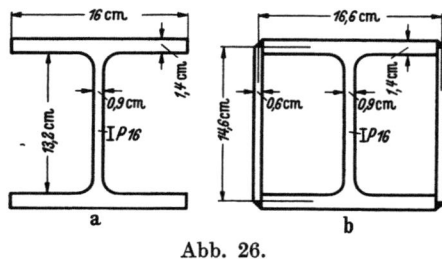

Abb. 26.

(D 80) $\begin{cases} \text{I } 10 \ldots \ldots l \leq 169 \text{ cm} \\ \text{I } 20 \ldots \ldots\ 263 \text{ cm} \\ \text{I } 30 \ldots \ldots\ 356 \text{ cm} \\ \text{IP } 14 \ldots\ \ 718 \text{ cm} \\ \text{IP } 22 \ldots\ \ 998 \text{ cm} \\ \text{IP } 30 \ldots\ 1276 \text{ cm}. \end{cases}$

Diese Zusammenstellung lehrt, daß die aus Peiner-Trägern gebildeten Maste — wenn ihre freie Länge nicht zu groß ist — die erwähnte Forderung erfüllen und eine Kippsicherheit aufweisen, die theoretisch angenähert ebenso groß ist wie die vorhandene Sicherheit gegen das Eintreten bleibender Verformungen.

Würden wir die Kippsteifigkeit des Peiner-Mastes durch geeignete konstruktive Maßnahmen noch weiter vergrößern, dann würde sich aus unserer (an das Hookesche Formänderungsgesetz gebundenen) Kipptheorie für die unter P_k auftretende Flanschdruckspannung ein Wert max $\sigma_d > 5{,}76$ t/cm² und damit für den ideellen Schlankheitsgrad ein Wert $\lambda_{id} < 60$ ergeben; da nun aber die deutschen Knickvorschriften allen Schlankheitsgraden $\lambda \leq 60$ den gleichen Knickspannungswert $\sigma_k = \sigma_F$ zuordnen, ist die Erzielung einer effektiven Kippspannung, die größer als der Nennwert der Fließgrenze ist, im Rahmen des gewählten Reduktionsverfahrens ausgeschlossen. Diese Folgerung bezieht sich allerdings nur auf das Erreichen der Verzweigungsstelle des Gleichgewichtes, also bloß auf den theoretischen Beginn des Auskippens. Das Verhalten des Trägermastes bei einer nur mangelhaften Erfüllung unserer idealisierenden Voraussetzungen wird hingegen einer günstigen Beeinflussung durch Maßnahmen, die eine Erhöhung der Steifigkeit bewirken, fraglos zugänglich sein; solche Maßnahmen würden bezwecken, die Ausprägung und damit die „Gefährlichkeit" der Kipperscheinung noch weiter zu mildern, um auf diese Weise die Möglichkeit zu bieten, die Kippsicherheitszahl ein wenig herabzusetzen.

Eine Erhöhung der Drillsteifigkeit von Peiner-Masten läßt sich — wie vermutet werden darf — mit Hilfe aufgeschweißter Laschenpaare erreichen, die die freien Flanschränder miteinander verbinden und daher das „offene" (durch einen relativ kleinen Drillungswiderstand gekennzeichnete) I-Profil streckenweise in ein „geschlossenes" (durch einen verhältnismäßig großen Drillungswiderstand gekennzeichnetes) Profil verwandeln. Wie wirkungsvoll der Übergang vom offenen zum geschlossenen Querschnitt theoretisch zu sein pflegt, erkennen wir an den folgenden Zahlenwerten: Berechnen wir den Drillungswiderstand J_D für das in Abb. 26a gezeichnete Profil IP 16, dann erhalten wir

(D 81) $$J_D \approx \frac{1{,}25}{3}(2 \cdot 16{,}0 \cdot 1{,}4^3 + 13{,}2 \cdot 0{,}9^3) = 40{,}6 \text{ cm}^4.$$

Schweißen wir jedoch an beiden Trägerseiten 6 mm dicke Laschen an, so daß im Bereich der Laschenlänge der in der Abb. 26b dargestellte „geschlossene" Querschnitt entsteht, dann ergibt sich für den Drillungswiderstand nach Bredt[1] der Wert

(D 82) $$J_D \approx \frac{4 \cdot 16{,}6^2 \cdot 14{,}6^2}{2\left(\frac{14{,}6}{0{,}6} + \frac{16{,}6}{1{,}4}\right)} = 3246{,}1 \text{ cm}^4,$$

der achtzigmal größer als der frühere Wert ist. Allerdings würde dieser große Wert nur im Bereich der Laschen — und auch da nur grob näherungsweise — in Geltung stehen.

Die Frage, in welchem Maße die Drillungs- und die Kippsteifigkeit eines I-Trägers durch die Anordnung derartiger Laschenpaare (die ähnlich beansprucht werden wie die Bindelaschen mehrteiliger Druckstäbe) erhöht werden kann, läßt sich ebenso wie die Frage nach der zweckmäßigsten Länge und Austeilung der Laschen nur auf Grund der Ergebnisse systematischer **Drill- und Kippversuche** beantworten; erst nach der Durchführung solcher Versuche kann beurteilt werden, ob und unter welchen Umständen eine derartige konstruktive Maßnahme wirtschaftlich zu rechtfertigen ist.

E. Ein Iterationsverfahren zur angenäherten Lösung der Kipp-Probleme.

§ 1. Die Grundlagen des Verfahrens.

Wir knüpfen an die drei Gleichgewichtsbedingungen (A 15) an, die wir im Abschnitt A abgeleitet haben. Die zweite von diesen drei Gleichungen hat

(E 1) $$\frac{dM_D}{dx} - M_1 \varkappa + p\,e\,\vartheta = 0 \qquad \varkappa = \frac{M}{B}$$

gelautet und für die dritte wurde nach Berücksichtigung der ersten die Gleichung (A 16) gewonnen, die nach zweimaliger Integration in (A 20) überging und die Form

(E 2) $$M = -M_1 \vartheta - S y + K_I \frac{x}{l} + K_{II}$$

annahm; die Größen K_I und K_{II} stellten hierbei Integrationskonstante von der Dimension eines Momentes vor, die mit Hilfe der Beziehungen

(E 3) $$\begin{cases} K_{II} = (M_1 \vartheta + S y + M)_{x=0} \\ K_I = (M_1 \vartheta + S y + M)_{x=l} - K_{II} \end{cases}$$

oder

(E 4) $$\begin{cases} K_I = l\left(Q_1 \vartheta + S \frac{dy}{dx} - Q\right) = \text{const} \\ K_{II} = \left(M_1 \vartheta + S y + M - K_I \frac{x}{l}\right) = \text{const} \end{cases}$$

bestimmt werden können. Die Gleichungen (E 1) und (E 2) bilden zusammen mit der im Abschnitt A angegebenen Gleichung (A 11) die Grundlage für ein Iterationsverfahren (Verfahren der „schrittweisen Annäherung"), das von Stüssi[2] entwickelt worden ist und im weiteren für zwei baupraktisch wichtige Lastfälle geschildert werden soll. Wir beziehen uns hierbei auf einen Träger mit konstantem Querschnitt ($h = \text{const}$, $B = \text{const}$, $B_{Fl} = \text{const}$, $C = \text{const}$) und dürfen daher (A 11) in der Form

(E 5) $$M_D = C \frac{d\vartheta}{dx} - \frac{B_{Fl} h^2}{4} \cdot \frac{d^3\vartheta}{dx^3} = \left[C \frac{d\vartheta}{dx}\right] - \beta l^2 \cdot \frac{d^2}{dx^2}\left[C \frac{d\vartheta}{dx}\right]$$

schreiben, wobei

(E 6) $$\beta = \frac{B_{Fl}}{C}\left(\frac{h}{2l}\right)^2 = \text{const}$$

bedeutet; auch wollen wir uns, um die Darstellung noch weiter zu vereinfachen, auf Lagerungsfälle beschränken, in denen $K_I = K_{II} = 0$ ist.

Lastfall a): Der Träger wird durch eine stetig verteilte, längs der Trägerachse angreifende Querlast p sowie durch Endmomente $\mathfrak{M}$ und Endquerkräfte P belastet.

---

[1] Bredt, R.: Z. VDI Bd. 40 (1896) S. 785. — [2] Stüssi, F.: Wie Fußnote 3, S. 10.

Für die Grundgleichungen (E 1), (E 2) wird hier, da $e = S = 0$ ist und $K_\mathrm{I} = K_\mathrm{II} = 0$ vorausgesetzt wurde,

(E 7) $$\frac{dM_D}{dx} = \frac{M_1}{B} \cdot M,$$

(E 8) $$M = -M_1 \vartheta$$

erhalten und für die Grundgleichung (E 5) schreiben wir

(E 9) $$\frac{d^2 \Phi}{dx^2} = \frac{1}{\beta l^2} \cdot (\Phi - M_D), \quad \beta = \frac{B_\mathrm{Fl}}{C}\left(\frac{h}{2l}\right)^2 = \text{const},$$

wobei

(E 10) $$\Phi = C\frac{d\vartheta}{dx}$$

vorstellt. Die vorgegebenen oder willkürlich angenommenen Intensitätswerte der auf den Träger einwirkenden Belastung, die wir mit p^*, $\mathfrak{M}^*$, P^* bezeichnen wollen, seien mit einem gemeinsamen Multiplikator μ versehen, dessen kleinster kritischer Wert μ_k die gesuchte Kippbelastung $\mu_k p^*$, $\mu_k \mathfrak{M}^*$, $\mu_k P^*$ festlegt. Bei der Durchführung des Iterationsverfahrens gehen wir von einem plausibel angenommenen, die Randbedingungen erfüllenden Verteilungsgesetz für den infinitesimalen Drillwinkel $\vartheta = f_1(x)$ aus und ermitteln mit Hilfe von (E 8) das der gesuchten Kippbelastung $\mu_k p^*$, $\mu_k \mathfrak{M}^*$, $\mu_k P^*$ zugeordnete Verteilungsgesetz des infinitesimalen Biegemomentes $M = f_2(x)$. Die Grundgleichung (E 7) nimmt nach der Einführung dieses Gesetzes die Form $dM_D/dx = f_3(x)$ an und liefert nach ihrer Integration die Ortsfunktion $M_D = f_4(x)$, in der die Integrationskonstante durch die dem Drillmoment auferlegte Randbedingung bestimmt wird. Ist $M_D = f_4(x)$ bekannt, dann können wir die Differentialgleichung (E 9) integrieren und die auftretenden Integrationskonstanten mit Hilfe der beiden auf die Querschnittsverwölbung Bezug nehmenden Randbedingungen festlegen. Wir gelangen so zum Verteilungsgesetz $\Phi = f_5(x)$, das in (E 10) einzusetzen ist und nach Durchführung der Integration und Erfüllung der vorgeschriebenen Randbedingung zur Lösungskurve $\vartheta = f_6(x)$ führt, deren Ordinaten ebenso wie die Ordinaten M, M_D und Φ den noch unbekannten Multiplikator μ_k enthalten. Ist das Verteilungsgesetz $\vartheta = f_1(x)$ plausibel, d. h. in hinreichender Übereinstimmung mit der maßgebenden ,,Kippfigur" angenommen worden — wozu ein wenig Erfahrung und auch ein wenig Glück gehört —, dann unterscheidet sich die gewonnene Lösungskurve $\vartheta = f_6(x)$ von der angenommenen Kurve $\vartheta = f_1(x)$ im Wesen nur durch den Ordinatenmaßstab und zeigt daher einen zu $\vartheta = f_1(x)$ angenähert affinen Verlauf. Wir haben dann die von diesen beiden Kurven und ihren Koordinatenachsen eingeschlossenen Flächenstücke F_1 bzw. F_6 — die letztere in Abhängigkeit vom Multiplikator μ_k — zu bestimmen und können μ_k unmittelbar aus der Gleichung

(E 11) $$F_1 = F_6$$

berechnen. Weicht jedoch der Verlauf der Lösungskurve $\vartheta = f_6(x)$ vom Verlauf der Ausgangskurve $\vartheta = f_1(x)$ erheblich ab, dann müssen wir das geschilderte Verfahren unter Zugrundelegung der neuen, verbesserten Ausgangskurve so lange wiederholen, bis die beiden Kurven mit ausreichender Annäherung zueinander affin werden; erst dann darf der Flächeninhalt F_1 und F_6 ermittelt und der kritische Multiplikator μ_k aus der Gleichung (E 11) bestimmt werden. Liegen die unter der gefundenen Kippbelastung $\mu_k p^*$, $\mu_k \mathfrak{M}^*$, $\mu_k P^*$ auftretenden Größtspannungen oberhalb der Proportionalitäts- und Elastizitätsgrenze des Werkstoffes (,,unelastische Kippung"), dann muß diese Kippbelastung eine Abminderung nach einer der im Abschnitt A, § 4, angegebenen Methoden erfahren.

Lastfall b): Der Träger wird durch eine stetig verteilte, in der Achse angreifende Querlast p, ferner durch Endmomente $\mathfrak{M}$ und Endquerkräfte P und schließlich noch durch eine Axialkraft von unveränderlich vorgegebener Größe S belastet.

Die Grundgleichungen (E 1), (E 2) lauten hier

(E 12) $$\frac{dM_D}{dx} = M_1 \varkappa,$$

(E 13) $$M = -M_1 \vartheta - Sy$$

und für die Grundgleichung (E 5) wollen wir

(E 14) $$\frac{dM_D}{dx} = \Psi - \beta\, l^2 \frac{d^2\Psi}{dx^2}, \qquad \beta = \frac{B_{F1}}{C}\left(\frac{h}{2l}\right)^2 = \text{const},$$

schreiben, wobei Ψ eine durch die Beziehung

(E 15) $$\Psi = C \cdot \frac{d^2\vartheta}{dx^2}$$

festgelegte Hilfsgröße bedeutet. Beachten wir, daß mit Rücksicht auf (A 6) und (A 7) $\varkappa = -\frac{d^2y}{dx^2} = \frac{M}{B}$ gilt, dann können wir der Gleichung (E 13) auch die Form

(E 16) $$\frac{d^2y}{dx^2} = \frac{1}{B}(M_1\vartheta + S\,y)$$

geben und aus (E 14) und (E 12) die neue Gleichung

(E 17) $$\frac{d^2\Psi}{dx^2} = \frac{1}{\beta\,l^2}\left(\Psi + M_1 \frac{d^2y}{dx^2}\right), \qquad \beta = \frac{B_{F1}}{C}\left(\frac{h}{2l}\right)^2 = \text{const},$$

gewinnen. Bei der Durchführung des Iterationsverfahrens gehen wir von einem plausibel angenommenen, die vorgeschriebenen Randbedingungen erfüllenden Verteilungsgesetz für die infinitesimale (auf der Minimumachse des Trägerquerschnittes senkrecht stehende) Ausbiegung $y = f_1(x)$ aus und führen die Ortsfunktionen $d^2y/dx^2 = f_2(x)$ sowie das Verteilungsgesetz $M_1 = f_3(x)$ des unter der gesuchten Kippbelastung $\mu_k p^*$, $\mu_k \mathfrak{M}^*$, $\mu_k P^*$ entstehenden Biegemomentes in die Differentialgleichung (E 17) ein. Integrieren wir diese Gleichung und bestimmen wir die auftretenden Integrationskonstanten mit Hilfe der beiden auf die Querschnittsverwölbung Bezug nehmenden Randbedingungen, dann gelangen wir zur Ortsfunktion $\Psi = f_4(x)$, die in (E 15) einzusetzen ist und nach zweimaliger Integration und Erfüllung der vorgeschriebenen Randbedingungen zum Verteilungsgesetz des Drillwinkels $\vartheta = f_5(x)$ führt. Ist dieses Gesetz bekannt, dann sind wir in der Lage, die Differentialgleichung (E 16) unter den vorgeschriebenen Randbedingungen zu integrieren; für S ist hierbei der gegebene konstante Wert einzusetzen. Wir erhalten auf diese Weise eine Lösungskurve $y = f_6(x)$, deren Ordinaten ebenso wie die Ordinaten Ψ und ϑ vom Multiplikator μ_k abhängig sind. Ist das Gesetz $y = f_1(x)$ zweckentsprechend gewählt worden, dann unterscheidet sich die gewonnene Lösungskurve $y = f_6(x)$ von der angenommenen Kurve $y = f_1(x)$ im Wesen nur durch den Ordinatenmaßstab, so daß die beiden Kurven angenähert affin sind. Wir brauchen dann nur noch die von diesen beiden Kurven und ihren Koordinatenachsen eingeschlossenen Flächenstücke F_1 bzw. F_6 — die letztere in Abhängigkeit vom Multiplikator μ_k — zu berechnen und können diesen Multiplikator aus der Gleichung

(E 18) $$F_1 = F_6$$

unmittelbar bestimmen. Weicht der Verlauf der erhaltenen Lösungskurve $y = f_6(x)$ vom Verlauf der Ausgangskurve $y = f_1(x)$ erheblich ab, dann müssen wir das geschilderte Verfahren unter Zugrundelegung der verbesserten Ausgangskurve solange wiederholen, bis die beiden Kurven mit hinreichender Annäherung affin werden; erst dann darf F_1 und F_6 ermittelt und der gesuchte kritische Multiplikator μ_k aus (E 18) berechnet werden.

§ 2. Die Integration der auftretenden Differentialgleichungen.

Die Integration der Differentialgleichungen erster Ordnung vom Typ (E 7) und (E 10) läßt sich in bekannter Weise auf Quadraturen zurückführen, wobei wir beispielsweise von der Simpsonschen Regel Gebrauch machen können. Die Integration der Differentialgleichungen zweiter Ordnung vom Typ (E 15) kann mit Hilfe der Seilkurve durchgeführt werden, deren Differentialgleichung bekanntlich

(E 19) $$\frac{d^2\eta}{dx^2} = -\frac{q_x}{H}$$

lautet, wenn q_x die örtliche Intensität der gegebenen (wirklichen oder gedachten) Belastung, H die Polweite und η die von der Schlußlinie gemessene Ordinate der Seilkurve bedeutet;

die beiden Randbedingungen des Problems werden durch das richtige Einlegen dieser Schlußlinie erfüllt.

Zur Integration der Differentialgleichung zweiter Ordnung vom Typ (E 9), (E 16) und (E 17), die allgemein in der Form

(E 20) $$\eta'' = \frac{1}{\beta l^2}(\eta - m), \quad \eta'' \equiv \frac{d^2\eta}{dx^2}, \quad \beta l^2 = \text{const}, \quad m = f(x)$$

geschrieben werden kann, stehen uns mehrere Methoden zur Verfügung. Die allgemeine Lösung dieser Differentialgleichung lautet bekanntlich

(E 21) $$\eta = \left[K_1 + \frac{1}{l\sqrt{\beta}}\int_{\zeta=0}^{\zeta=x} m \cdot \mathfrak{Sin}\frac{\zeta}{l\sqrt{\beta}}d\zeta\right] \cdot \mathfrak{Cof}\frac{x}{l\sqrt{\beta}} + \left[K_2 - \frac{1}{l\sqrt{\beta}}\int_{\zeta=0}^{\zeta=x} m \cdot \mathfrak{Cof}\frac{\zeta}{l\sqrt{\beta}}d\zeta\right] \cdot \mathfrak{Sin}\frac{x}{l\sqrt{\beta}},$$

wobei K_1 und K_2 Integrationskonstante vorstellen; fordern die Randbedingungen beispielsweise

E (22) $$\text{für } x = 0, \quad \frac{dy}{dx} = 0,$$
$$\text{für } x = l, \quad y = 0,$$

dann ergibt sich

(E 23) $$K_1 = \frac{1}{l\sqrt{\beta}}\mathfrak{Tg}\frac{1}{\sqrt{\beta}}\int_{\zeta=0}^{\zeta=l} m \cdot \mathfrak{Cof}\frac{\zeta}{l\sqrt{\beta}}d\zeta - \frac{1}{l\sqrt{\beta}}\int_{\zeta=0}^{\zeta=l} m \cdot \mathfrak{Sin}\frac{\zeta}{l\sqrt{\beta}}d\zeta, \quad K_2 = 0.$$

Haben wir K_1 und K_2 bestimmt, dann läßt sich die Lösungsfunktion $\eta = f_1(x)$ für jede vorgeschriebene Ortsfunktion $m = f(x)$ mit Hilfe von (E 21) durch Quadraturen festlegen.

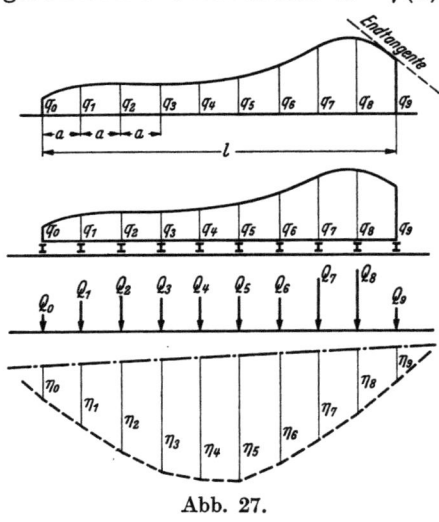

Abb. 27.

Wegen der Kleinheit von β und der dadurch bedingten Kleinheit des Unterschiedes zwischen den $\mathfrak{Sin}$- und $\mathfrak{Cof}$-Werten treten jedoch bei der Durchführung dieser Rechnung — wie das Zahlenbeispiel in § 3 dieses Abschnittes erkennen lassen wird — sehr kleine Differenzen auf, deren ausreichend genaue Erfassung eine überaus enge Intervallteilung erforderlich macht; der Umfang der Rechenarbeit wird dadurch ein derartig großer, daß dem Verfahren — wiewohl es das nächstliegende ist — im Rahmen unserer Untersuchung keinerlei Bedeutung zukommt. Weitere Verfahren zur angenäherten Lösung der Differentialgleichung (E 20) sind das Krümmungskreisverfahren[1], dann das Verfahren der Differenzengleichungen und schließlich das von Stüssi[2] vorgeschlagene Verfahren, das allgemeine Beachtung verdient und für die Lösung unserer Aufgabe am geeignetsten ist. Die Grundgedanken dieses Integrationsverfahrens sind die folgenden:

Wir denken uns einen Balkenträger der Stützweite l durch irgendwelche Endmomente und durch eine stetig verteilte Querlast $q_x = F_1(x)$ belastet, so daß zwischen q_x und den Biegemomenten $\eta = F_2(x)$ dieses Balkens der bekannte Zusammenhang

(E 24) $$q_x = -\frac{d^2\eta}{dx^2} \equiv -\eta''$$

besteht. Unterteilen wir nun die Stützweite l in eine gerade oder ungerade Zahl gleich großer Intervalle a und wünschen wir an den Intervallgrenzen genaue Werte des Biegemomentes η zu erhalten, dann müssen wir uns die Belastung q_x mittelbar — über Querträger, die an den Intervallgrenzen gelegen sind — übertragen denken und die von den einzelnen Längsträgern auf die Querträger ausgeübten Kräfte $Q_0, Q_1, Q_2, \ldots$ bestimmen; das zugeordnete Biegemomentenpolygon gibt dann an den Intervallgrenzen die richtigen Werte η an (Abb. 27).

---

[1] Vgl. E. Chwalla: Stahlbau Bd. 8 (1935) S. 46. — [2] Stüssi, F.: Wie Fußnote 3, S. 10.

Die an den Querträgerorten n übertragenen Kräfte $Q_0, Q_1, Q_2, \ldots$ lassen sich mit hinreichender Annäherung aus den bekannten baustatischen Beziehungen

(E 25)
$$\begin{cases} Q_n = \frac{a}{12}(q_{n-1} + 10\, q_n + q_{n+1}) & \text{für } n = 1 \text{ bis } n = 8, \\ Q_0 = \frac{a}{24}(7\, q_0 + 6\, q_1 - q_2) \qquad Q_9 = \frac{a}{24}(7\, q_9 + 6\, q_8 - q_7); \\ \text{bei waagerechter Endtangente: } Q_9 = \frac{a}{24}(10\, q_9 + 2\, q_8) \end{cases}$$

berechnen, die sich auf die Abb. 27 beziehen und unter der Voraussetzung abgeleitet sind, daß die Verteilungskurve $q_x = F_1(x)$ innerhalb der aufeinanderfolgenden Intervallpaare dem Parabelgesetz gehorcht[1].

Die an einem Querträgerort n übertragene Kraft Q_n gleicht dem Unterschied zwischen den Feldquerkräften des linken und rechten Nachbarfeldes und gehorcht daher der Beziehung

(E 26)
$$Q_n = \frac{\eta_n - \eta_{n-1}}{a} - \frac{\eta_{n+1} - \eta_n}{a} \equiv -\frac{\eta_{n-1} - 2\eta_n + \eta_{n+1}}{a}.$$

Da sich Q_n mit Hilfe von (E 25) auf q_x und q_x mit Hilfe von (E 24) auf η'' zurückführen läßt, führt die Beziehung (E 26) zu einem funktionalen Zusammenhang zwischen η und η'', der beispielsweise für die Orte $n = 1$ bis $n = 8$ der Abb. 27 durch die linearen Gleichungen

(E 27)
$$-\frac{a}{12}(\eta''_{n-1} + 10\, \eta''_n + \eta''_{n+1}) = -\frac{\eta_{n-1} - 2\eta_n + \eta_{n+1}}{a} \qquad n = 1, 2, 3, \ldots 8$$

festgelegt wird. Um diesen funktionalen Zusammenhang bei der Auflösung unserer Differentialgleichung (E 20) zu verwerten, setzen wir die Gleichung (E 20) — die für die Orte $(n-1)$, n und $(n+1)$ offenbar

(E 28) $\quad \eta''_{n-1} = \frac{1}{\beta\, l^2}(\eta_{n-1} - m_{n-1}), \qquad \eta''_n = \frac{1}{\beta\, l^2}(\eta_n - m_n), \qquad \eta''_{n+1} = \frac{1}{\beta\, l^2}(\eta_{n+1} - m_{n+1})$

lautet — in (E 27) ein und gelangen so zu den dreigliedrigen Gleichungen

(E 29) $\quad (12\gamma - 1)\eta_{n-1} - (24\gamma + 10)\eta_n + (12\gamma - 1)\eta_{n+1} = -(m_{n-1} + 10\, m_n + m_{n+1}),$

in denen

(E 30)
$$\gamma = \beta\left(\frac{l}{a}\right)^2 = \frac{B_{\text{Fl}}}{C} \cdot \left(\frac{h}{2a}\right)^2 = \text{const}$$

bedeutet. Derartige Gleichungen können für alle Zwischenpunkte des Trägers (in Abb. 27 also für $n = 1$ bis $n = 8$) angeschrieben werden. Für die beiden Endpunkte (die Punkte $n = 0$ und $n = 9$ in Abb. 27) gelten ähnliche Gleichungen, bei deren Aufstellung aber nicht nur auf den durch (E 25) festgelegten geänderten Aufbau der linken Seite von (E 27), sondern auch auf die beiden die Querschnittsverwölbung betreffenden Randbedingungen des Kipp-Problems Rücksicht genommen werden muß. Liegt beispielsweise der im § 1 dieses Abschnittes geschilderte „Lastfall a" vor und wird die Vorwölbung des linken Endquerschnittes durch eine starre Stirnplatte oder eine starre Einspannung (vgl. Abb. 9c, d) restlos verhindert, dann muß wegen (C 18) und (E 10) $\eta_0 = 0$ sein; der erste der gesuchten Lösungswerte η ist dann unmittelbar bekannt, so daß die zur Bestimmung von η_0 dienende, für den Ort $n = 0$ geltende Gleichungszeile entfällt. Wäre die Verwölbung des linken Endquerschnittes ungehindert möglich (vgl. Abb. 9e, f), dann müßte mit Rücksicht auf (C 19)

---

[1] Würde man die Lastverteilungskurve $q_x = F_1(x)$ nicht durch Parabeln approximieren, sondern einfach durch ein Polygon mit den Ecken über den Intervallgrenzen n ersetzen, dann würde man an Stelle von (E 25) die Beziehungen

$$Q_n = \frac{a}{6}(q_{n-1} + 4\, q_n + q_{n+1}), \qquad Q_0 = \frac{a}{6}(2\, q_0 + q_1), \qquad Q_9 = \frac{a}{6}(2\, q_9 + q_8)$$

erhalten, die schon von H. Müller-Breslau (Die neueren Methoden der Festigkeitslehre, 5. Aufl., S. 179, Leipzig 1924) verwendet worden sind. Diese Beziehungen liefern Ergebnisse von geringerer Genauigkeit als die Formeln (E 25), haben aber in den Fällen ungleicher Intervallänge $a_n \neq a_{n+1}$ den großen Vorteil, daß sie sich unmittelbar in der Form

$$Q_n = \frac{a_n}{6}(q_{n-1} + 2\, q_n) + \frac{a_{n+1}}{6}(2\, q_n + q_{n+1})$$

aufspalten lassen.

und (E 10) $\eta'_0 = 0$ sein. Diese Bedingung, für die wir — wie eine einfache Überlegung zeigt — näherungsweise auch

(E 31) $$\frac{\eta_1 - \eta_0}{a} - \frac{\eta''_0 a}{3} - \frac{\eta''_1 a}{6} = 0$$

schreiben dürfen, nimmt nach der Einführung von (E 20) und (E 30) die Form

(E 32) $$(6\gamma + 2)\eta_0 - (6\gamma - 1)\eta_1 = 2m_0 + m_1$$

an; sie stellt im Fall freier Querschnittsverwölbung die dem Ort $n=0$ zugeordnete, den Gleichungen (E 29) entsprechende Bedingungsgleichung vor.

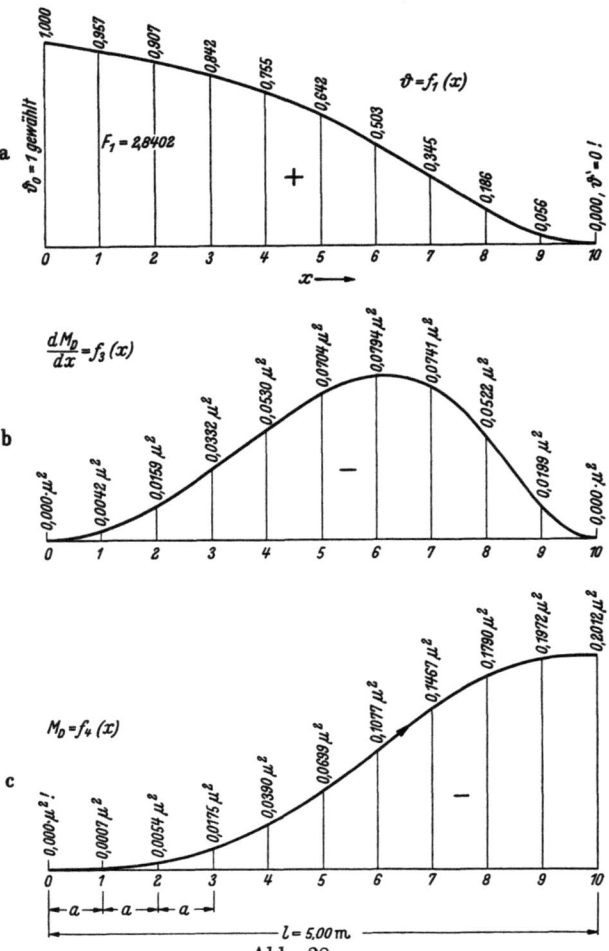

Abb. 28.

Die Auflösung der Differentialgleichung (E 20) wird somit bei dem geschilderten Näherungsverfahren auf die Auflösung eines Systems einfach gebauter, linearer Gleichungen — der Gleichungen (E 29) und der den Randbedingungen entsprechenden beiden Gleichungen — zurückgeführt.

§ 3. Zahlenbeispiel.

Wir haben im Abschnitt D, § 3, die kleinste Kipplast eines Kragträgers ermittelt, der die Länge $l = 5{,}00$ m aufweist und durch eine lotrechte Einzellast belastet wird, die im Schwerpunkt des freien Endquerschnittes angreift und ihre lotrechte Richtung auch während des Auskippens beibehält; die Flanschachsen-Entfernung des Trägers hat hierbei $h = 0{,}50$ m, die auf die Querschnitts-Minimumachse bezogene Biegesteifigkeit $B = 57{,}00$ tm², die auf diese Achse bezogene Biegesteifigkeit des Flanschenpaares $B_{Fl} \approx B$ und die Drillungssteifigkeit $C = 2{,}38$ tm² betragen. Wir haben für diesen Träger nicht nur die Kipplast, sondern auch die dieser Kipplast zugeordnete Kippfigur mit großer Schärfe festgelegt (vgl. die Zahlentafel 2, Fall „$e=0$", und die Abb. 18, Kurve „$e=0$") und sind daher in der Lage, unser Iterationsverfahren einer Überprüfung zu unterziehen, indem wir ihm das genaue Verteilungsgesetz $\vartheta = f_1(x)$ zugrunde legen; das Verfahren muß hier schon beim ersten Lösungsschritt zum gesuchten Kipplastwert führen und dieser Kipplastwert muß mit dem strengen Lösungswert (D 29) übereinstimmen. Der Vergleich der erhaltenen Ergebnisse gibt uns die Möglichkeit, die Genauigkeit der durchzuführenden Näherungsintegrationen zu kontrollieren.

Bei der Durchführung dieser Untersuchung gehen wir, da der in § 1 dieses Abschnittes erwähnte „Lastfall a" vorliegt, von einem angenommenen Verteilungsgesetz $\vartheta = f_1(x)$ aus, für das wir vereinbarungsgemäß das in Abb. 28a dargestellte (mit dem Verteilungsgesetz „$e=0$" in Zahlentafel 2 und Abb. 18 übereinstimmende) Gesetz wählen. Der Baulast weisen wir den willkürlich angenommenen Wert $P^* = 1$ t zu, so daß die gesuchte Kipplast $P_k = \mu_k P^* = \mu_k \cdot 1$ t beträgt und die Gleichungen (E 8) und (E 7) die Form

(E 33) $$M = +\mu_k x \vartheta = f_2(x),$$

(E 34) $$\frac{dM_D}{dx} = -\frac{\mu_k^2 x^2 \vartheta}{B} = -\frac{x^2 \vartheta}{57{,}00} \cdot \mu_k^2 = f_3(x)$$

Zahlenbeispiel.

annehmen; in der Abb. 28b sind die Werte $\frac{dM_D}{dx}$ für die Zehntelpunkte der Trägerlänge (Intervall-Länge $a = l/10 = 0{,}50$ m) dargestellt. Die Integration der Gleichung (E 34) wollen wir angenähert so durchführen, daß wir die über den Strecken a liegenden Flächenstücke der Kürve Abb. 28b mit Hilfe der Formel von Gregorius

(E 35) $$\Delta F \approx \frac{a}{6}(y_{\text{links}} + 4\, y_{\text{Mitte}} + y_{\text{rechts}})$$

der Reihe nach bestimmen und schrittweise summieren; ziehen wir in Rücksicht, daß das Drillmoment M_D am freien Trägerende verschwinden muß, dann gelangen wir auf diese Weise zu dem in Abb. 28c dargestellten Verteilungsgesetz $M_D = f_4(x)$.

Ist $M_D = f_4(x)$ bekannt, dann können wir die Differentialgleichung (E 9) nach einem der in § 2 dieses Abschnittes geschilderten Verfahren integrieren. Bedienen wir uns beispielsweise der allgemeinen Lösung (E 21), die in unserem Fall

(E 36) $$\begin{cases} \Phi = \left[K_1 + \frac{1}{l\sqrt{\beta}} \int_0^x M_D \cdot \mathfrak{Sin}\frac{\zeta}{l\sqrt{\beta}} d\zeta\right] \mathfrak{Cof}\frac{x}{l\sqrt{\beta}} \\ + \left[K_2 - \frac{1}{l\sqrt{\beta}} \int_0^x M_D \,\mathfrak{Cof}\frac{\zeta}{l\sqrt{\beta}} d\zeta\right] \mathfrak{Sin}\frac{x}{l\sqrt{\beta}} \end{cases}$$

lautet, dann können wir die Ortsfunktion $\Phi = f_5(x)$ mit Hilfe einfacher Quadraturen festlegen. Die auf die Querschnittsverwölbung Bezug nehmenden Randbedingungen verlangen — wie wir im Abschnitt D, § 2, geschildert haben — für den freien Endquerschnitt das Verschwinden von $d^2\vartheta/dx^2$ (frei mögliche Querschnittsverwölbung) und für den Einspannungsquerschnitt das Verschwinden von $d\vartheta/dx$ (restlos verhinderte Querschnittsverwölbung), so daß wir mit Rücksicht auf (E 10)

(E 37) $$\begin{cases} \text{für } x = 0, & \frac{d\Phi}{dx} = 0 \\ \text{für } x = l, & \Phi = 0 \end{cases}$$

zu fordern haben; die Konstanten K_1 und K_2 betragen dann in sinngemäßer Übereinstimmung mit (E 23)

(E 38) $$\begin{cases} K_1 = \frac{1}{l\sqrt{\beta}} \mathfrak{Tg}\frac{1}{\sqrt{\beta}} \int_0^l M_D \mathfrak{Cof}\frac{\zeta}{l\sqrt{\beta}} d\zeta \\ - \frac{1}{l\sqrt{\beta}} \int_0^l M_D \mathfrak{Sin}\frac{\zeta}{l\sqrt{\beta}} d\zeta, \quad K_2 = 0. \end{cases}$$

Die Abb. 29a zeigt den Verlauf der Hilfsfunktionen $M_D \cdot \mathfrak{Sin}\frac{x}{l\sqrt{\beta}}$ und

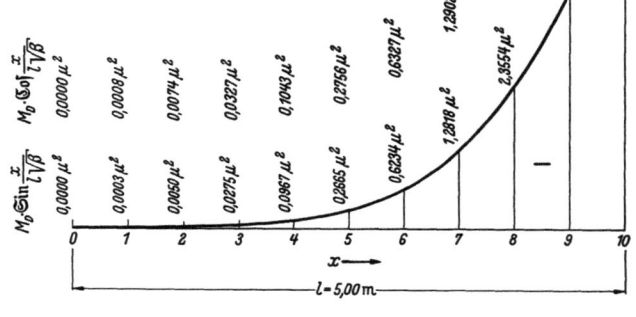

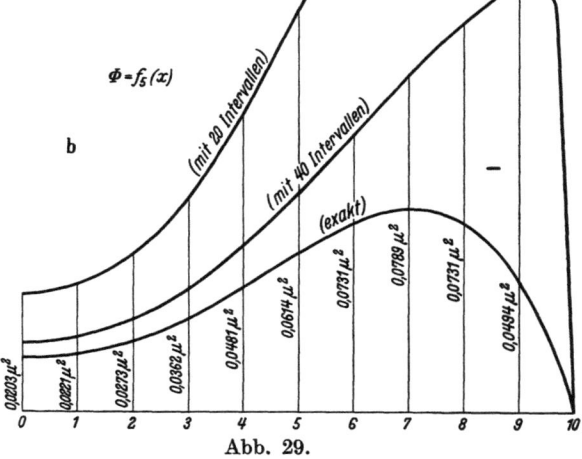

Abb. 29.

$M_D \cdot \mathfrak{Cof}\frac{x}{l\sqrt{\beta}}$, während die Abb. 29b und die Zahlentafel 4 das mit Hilfe von (E 36) — durch schrittweise Anwendung der Quadraturformel (E 35) — gewonnene Integrationsergebnis $\Phi = f_5(x)$ enthält. Gehen wir bei der Durchführung der Quadratur von dem für die Zwanzigstelpunkte festgelegten M_D-Verlauf aus, halten wir also den für die Integration erforderlichen Arbeitsaufwand in erträglichen Grenzen, dann gelangen wir zu Lösungswerten Φ, die von den strengen Werten um ein Vielfaches abweichen und daher im weiteren zu grob falschen Iterationsergebnissen führen; selbst wenn wir uns mit einer Verdoppelung dieses Rechenaufwandes abfinden und von einem M_D-Verlauf ausgehen, dessen Ordinaten für die Vierzigstelpunkte festgelegt sind, beträgt der größte Fehler der gefundenen Integrationsergebnisse immer noch mehr als 100%. Die Größe dieser Fehler ergibt sich auf Grund eines Vergleiches mit den „exakten" Werten Φ, die gleichfalls in der Abb. 29b und der Zahlentafel 4

Zahlentafel 4. Werte $-\dfrac{1}{\mu^2}\cdot\Phi$.

$x/l =$	0	0,1	0,2	0,3	0,4	0,5	0,6	0,7	0,8	0,9	1,0
Mit 20 Interv.	0,0455	0,0493	0,0613	0,0827	0,1150	0,1550	0,2127	0,2880	0,3872	0,5222	0,0000
Mit 40 Interv.	0,0267	0,0289	0,0359	0,0479	0,0649	0,0849	0,1080	0,1312	0,1516	0,1677	0,0000
Exakt	0,0203	0,0221	0,0273	0,0362	0,0481	0,0614	0,0731	0,0789	0,0731	0,0494	0,0000
Nach Stüssi	0,0202	0,0219	0,0272	0,0360	0,0479	0,0611	0,0726	0,0783	0,0724	0,0487	0,0000

angegeben sind und unter Verwendung von (E 10) und (D 29) mit Hilfe der im Abschnitt D, § 3, gewonnenen strengen Lösung $\vartheta = f_1(x)$ bestimmt wurden. Die abnorme Größe der Abweichungen ist dadurch bedingt, daß sich die Werte $M_D \cdot \mathfrak{Sin}\,\dfrac{x}{l\sqrt{\beta}}$ und $M_D \cdot \mathfrak{Cof}\,\dfrac{x}{l\sqrt{\beta}}$ (vgl. die Abb. 29a) mit Rücksicht auf die Kleinheit von β nur wenig unterscheiden, so daß bei der Anwendung von (E 36) sehr kleine Differenzen auftreten und der entstehende Quadraturfehler auch bei der Wahl sehr kleiner Intervall-Längen von der Größenordnung des gesuchten Wertes Φ ist. Wir sahen uns daher im § 2 dieses Abschnittes veranlaßt, vor der Anwendung dieser Integrationsmethode bei der angenäherten Lösung von Kippaufgaben nachdrücklichst zu warnen.

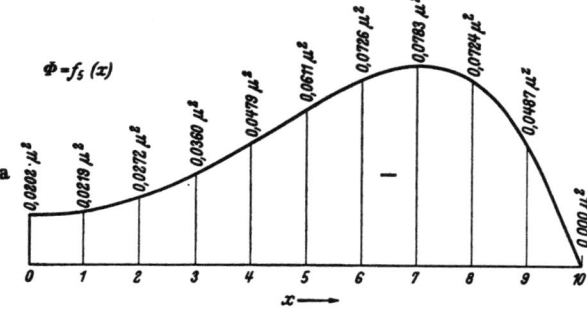

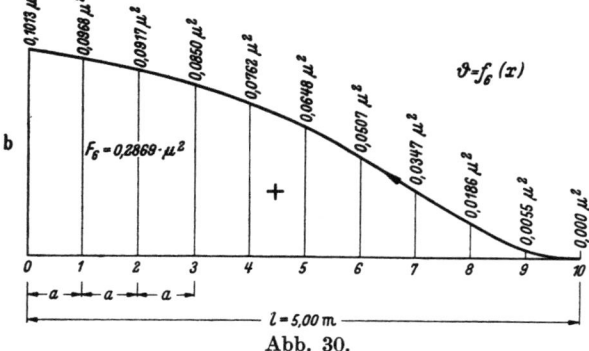

Abb. 30.

Verwenden wir an Stelle dieses „direkten", für unsere Zwecke jedoch ungeeigneten Integrationsverfahrens das von Stüssi vorgeschlagene Verfahren, dann haben wir die Differentialgleichung (E 9) durch ein System von linearen Gleichungen zu ersetzen, die sich auf die gewählten Unterteilungspunkte der Trägerlänge beziehen und unmittelbar anschreiben lassen. Wir unterteilen die Stablänge in zehn gleiche Teile, so daß n von $n=0$ bis $n=10$ wandert. Für den Ort $n=0$ (freies Trägerende) gilt — da die Verwölbung der Stirnquerschnittsfläche ungehindert möglich ist — eine Gleichung vom Typ (E 32) und für die Orte $n=1$ bis $n=9$ stehen Gleichungen vom Typ (E 29) in Geltung; die dem Ort $n=10$ zugeordnete Gleichung fällt aus, da wir für die Unbekannte Φ_{10} mit Rücksicht auf die gewaltsame Verhinderung der rechten Endquerschnittsverwölbung unmittelbar $\Phi_{10}=0$ [vgl. (C 18) und (E 10)] schreiben können. Das Gleichungssystem nimmt somit — wenn wir beachten, daß den Größen η und m in (E 20) die Größen Φ und M_D in (E 9) entsprechen — die Form

$$(\text{E 39})\quad \begin{cases} n=0, & (6\gamma+2)\Phi_0 - (6\gamma-1)\Phi_1 = 2M_{D_0}+M_{D_1} \\ n=1, & (12\gamma-1)\Phi_0 - (24\gamma+10)\Phi_1 + (12\gamma-1)\Phi_2 = -(M_{D_0}+10 M_{D_1}+M_{D_2}) \\ \cdots\cdots\cdots\cdots\cdots\cdots\cdots\cdots\cdots \\ \cdots\cdots\cdots\cdots\cdots\cdots\cdots\cdots\cdots \\ n=9, & (12\gamma-1)\Phi_8 - (24\gamma+10)\Phi_9 + 0 = -(M_{D_8}+10 M_{D_9}+M_{D_{10}}) \end{cases}$$

an und führt, wenn wir es nach den Unbekannten Φ_0, Φ_1, Φ_2,... auflösen, zu dem in Abb. 30a dargestellten Verteilungsgesetz $\Phi = f_5(x)$. Obwohl wir bloß 10 Unterteilungspunkte gewählt haben, stimmt die gefundene Lösungskurve mit der in Abb. 29b gezeichneten „exakten" Lösungskurve sehr gut überein.

Ist die Ortfunktion $\Phi = f_5(x)$ ermittelt, dann ist sie in (E 10) einzuführen und zu integrieren. Diese Integration läßt sich wieder mit Hilfe der Beziehung (E 35) durchführen, doch müssen wir bei der Summierung der Teilflächen vom rechten Trägerende ausgehen, da sich die zugeordnete Randbedingung auf die Stelle $x = l$ bezieht und für diese Stelle das Verschwinden von ϑ fordert. Wir gelangen auf diese Weise zu der in Abb. 30b dargestellten Verteilungskurve $\vartheta = f_6(x)$, die — wie wir erwarten mußten — mit großer Annäherung zur Ausgangskurve $\vartheta = f_1(x)$ affin (d. h. in den Ordinaten gleichartig verzerrt) verläuft. Für den Flächeninhalt der Kurve $\vartheta = f_1(x)$ finden wir $F_1 = 2{,}8402$ und für den Flächeninhalt der Kurve $\vartheta = f_6(x)$ ergibt sich $F_6 = 0{,}2869 \cdot \mu_k^2$, so daß die Gleichung (E 11)

(E 40) $$2{,}8402 = 0{,}2869\, \mu_k^2$$

lautet und $\mu_k = 3{,}146$ liefert; für die gesuchte Kipplast wird daher der Wert

(E 41) $$P_k = \mu_k \cdot P^* = 3{,}146 \cdot 1\,\mathrm{t} = 3{,}146\,\mathrm{t}$$

erhalten, der bloß um 0,4% von dem im Abschnitt D, § 3, Gleichung (D 29), gefundenen Lösungswert $P_k = 3{,}132\,t$ abweicht. Der durch die näherungsweise Integration der Differentialgleichungen begangene Rechenfehler bleibt somit — wenn wir uns der angegebenen Lösungsverfahren bedienen — innerhalb sehr enger Grenzen.

F. Der Sonderfall $B_{Fl} = 0$ („flanschloser" Träger).
§ 1. Die Differentialgleichung des Problems.

Da das beim Auskippen eines Trägers zur Geltung kommende Drillmoment M_D längs der Trägerachse im allgemeinen veränderlich ist und der Trägerquerschnitt weder die Form eines Kreises noch die eines Kreisringes besitzt, ist die Verdrillung — zum Unterschied von der „reinen" Verdrillung — von Normalspannungen begleitet; bei der Festlegung des funktionalen Zusammenhanges zwischen dem Drillmoment und dem Drillwinkel gilt daher nicht die einfache Formel

(F 1) $$M_D = C \cdot \frac{d\vartheta}{dx} = \frac{C}{l} \cdot \vartheta'$$

der St. Venantschen Theorie, sondern eine wesentlich verwickeltere Beziehung, wie wir sie im Abschnitt A, Gleichung (A 11) bis (A 14), angegeben haben. Ist nun der untersuchte Träger ein verhältnismäßig langer Träger mit flanschlosem Querschnitt, dann ist der Einfluß, den die durch die Verdrillung bedingten Normalspannungen auf die Lösung des Kipp-Problems nehmen, verhältnismäßig klein und daher in erster Annäherung vernachlässigbar. Wir wollen uns im weiteren auf diesen Grenzfall beziehen und setzen demgemäß für die auf die Minimumachse des Trägers bezogene Biegesteifigkeit des Flanschenpaares (vgl. Abb. 1b)

(F 2) $$B_{Fl} \equiv 0,$$

so daß die Gleichung (A 11) die einfache Form (F 1) annimmt. Die Kipplasten, die wir mit Hilfe dieser vereinfachten Theorie gewinnen, sind grundsätzlich zu klein; sie stellen untere Grenzwerte vor, die sich aber um so mehr den strengen Lösungswerten annähern, je mehr sich die Abmessungen des Trägers den Abmessungen eines „relativ langen Trägers mit flanschlosem Querschnitt" anschmiegen.

Setzen wir $B_{Fl} \equiv 0$, dann geht die im Abschnitt A abgeleitete allgemeine Differentialgleichung (A 17) in die Gleichung

(F 3) $$\frac{d^2}{d\xi^2}\left[\frac{BC}{M_1}\left(\vartheta'' + \frac{C'}{C}\vartheta' + \frac{M_1^2 l^2}{BC}\vartheta + \frac{pl^2 e}{C}\vartheta\right)\right] - \frac{Sl^2 C}{M_1}\left(\vartheta'' + \frac{C'}{C}\vartheta' + \frac{pl^2 e}{C}\vartheta\right) = 0$$

Der Sonderfall $B_{Fl} = 0$ („flanschloser" Träger).

über, in der die durch Striche angedeuteten Ableitungen $\vartheta'' \equiv \frac{d^2\vartheta}{d\xi^2}$, $C' \equiv \frac{dC}{d\xi}$, ... auf die dimensionslose Zahl $\xi = x/l$ bezogen sind und

B die auf die Minimumachse des Trägerquerschnittes bezogene Biegesteifigkeit des Trägers,
C die Drillungssteifigkeit,
p die Intensität der stetig verteilten Querbelastung,
e die nach oben positiv gezählte Entfernung der Elementarlasten $p \cdot dx$ von der Trägerachse,
M_1 das durch die Querlast p, die Endmomente $\mathfrak{M}$ und die Endquerkräfte P hervorgerufene (um die Maximumachse des Trägerquerschnittes drehende) Biegemoment,
S die an den Trägerenden mittig angreifende, als Zugkraft positiv gezählte Axialkraft und
l die Trägerlänge bedeutet; S, l sind Konstante und B, C, p, e, M_1 sind stetige Funktionen der Verhältniszahl ξ.

Die Gleichung (F 3) stellt auch hier eine lineare, homogene Differentialgleichung für den infinitesimalen Drillwinkel ϑ vor, ist jedoch nicht von sechster, sondern nur mehr von vierter Ordnung. Dementsprechend unterliegt die allgemeine Lösung von (F 3) nicht mehr sechs, sondern bloß vier Randbedingungen; die beiden auf die Querschnittsverwölbung Bezug nehmenden Randbedingungen fallen hier weg, da wir ja den Einfluß der die Verdrillung begleitenden Normalspannungen und damit auch den Einfluß der verschiedenartigen Verwölbung der Querschnittsebenen nicht in Rücksicht ziehen.

Ist die Axialkraft des untersuchten Trägers $S = 0$, dann läßt sich durch zweimaliges Integrieren von (F 3) die Gleichung

(F 4) $$\vartheta'' + \frac{C'}{C}\vartheta' + \frac{M_1^2 l^2}{BC}\vartheta + \frac{pl^2 e}{C}\vartheta = + \frac{M_1 l^2}{BC}(K_I \xi + K_{II})$$

gewinnen, die auch unmittelbar aus (D 6) und (F 2) erhalten werden kann und deren Integrationskonstante K_I, K_{II} durch die Beziehungen (D 7) oder (D 8) festgelegt werden. Wenn bei der Ausbildung des unendlich wenig ausgekippten Gleichgewichtszustandes sowohl M als auch M_1 oder ϑ an beiden Trägerenden verschwindet, oder wenn wir für zwei beliebige Querschnittsorte aussagen können, daß $(Q_1\vartheta - Q)$ bzw. $(M_1\vartheta + M)$ gleich Null ist, dann wird $K_I = K_{II} = 0$, so daß (F 4) in die Differentialgleichung zweiter Ordnung

(F 5) $$\vartheta'' + \frac{C'}{C}\vartheta' + \frac{M_1^2 l^2}{BC}\vartheta + \frac{pl^2 e}{C}\vartheta = 0$$

übergeht. Wie wir im Abschnitt D, § 2, dargelegt haben, liegt dieser Fall sowohl beim lotrecht belasteten Kragträger als auch beim lotrecht belasteten, in „Gabeln" gelagerten Balkenträger vor; die allgemeine Lösung weist hier bloß zwei Integrationskonstante auf, so daß bloß zwei Randbedingungen erfüllt werden müssen und demgemäß auch die zur Kippbedingung führende Koeffizientendeterminante $\varDelta_K$ eine bloß zweireihige Determinante ist. Wir gelangen auf diese Weise zu einer wesentlich vereinfachten Kipptheorie, in deren Rahmen schon verschiedene Einzelprobleme der Lösung zugeführt worden sind; diese Lösungen sollen im folgenden kurz besprochen werden.

§ 2. Der „flanschlose" Kragträger.

Wir wollen vorerst den Einfluß aufzeigen, den die Voraussetzungen über das Verhalten der äußeren Belastung während des Auskippens auf die Problemlösung zu nehmen vermag, und untersuchen zu diesem Zweck einen Kragträger, der einen konstanten, flanschlosen Querschnitt aufweist und an seinem freien Ende durch ein Kräftepaar vom Moment $\mathfrak{M}$ auf reine Biegung beansprucht wird (Abb. 31a). Vom Momentenvektor $\mathfrak{M}$, der vor dem Auskippen des Trägers waagerecht liegt und der Endquerschnittsebene des Trägers angehört, sei vorerst vorausgesetzt, daß er sich während des Auskippens des Trägers parallel verschiebt (Abb. 31b); an der Einspannstelle $x = l$ des Trägers ist dann im unendlich wenig ausgekippten Gleichgewichtszustand sowohl der Drillwinkel ϑ als auch die Schnittgröße M und Q sicher gleich Null, so daß mit Rücksicht auf (D 8) $K_I = K_{II} = 0$ ist und die Differentialgleichung (F 5) in Geltung steht. Diese Gleichung nimmt wegen $M_1 \equiv \mathfrak{M}$, $e = 0$ und $C = 0$ die Form

(F 6) $$\vartheta'' + \frac{\mathfrak{M}^2 l^2}{BC} \cdot \vartheta = 0$$

an und besitzt die allgemeine Lösung

(F 7) $$\vartheta = \overline{K} \sin k\xi + \overline{\overline{K}} \cos k\xi, \quad k = \frac{\mathfrak{M} l}{\sqrt{BC}},$$

deren Integrationskonstanten durch die beiden Randbedingungen

(F 8) $$\begin{cases} \xi = 1, & \vartheta = 0 \\ \xi = 1, & M_D = 0, \quad \text{also} \quad \vartheta' = 0, \end{cases}$$

bestimmt werden. Führen wir (F 7) in (F 8) ein, dann erhalten wir zwei in $\overline{K}$ und $\overline{\overline{K}}$ lineare, homogene Gleichungen, die nur dann mit einer von der Nullösung verschiedenen Lösung verträglich sind, wenn ihre Koeffizientendeterminante

(F 9) $$\Delta_K = -k(\sin^2 k + \cos^2 k)$$

verschwindet. Da diese Determinante für alle $\mathfrak{M} \neq 0$ einen von Null verschiedenen Wert aufweist, besitzt hier das Randbedingungspaar bloß die triviale, der ebenen Gleichgewichtsfigur zugeordnete Nullösung $\overline{K} = \overline{\overline{K}} = 0$, so daß ein Auskippen des Trägers ausgeschlossen ist[1].

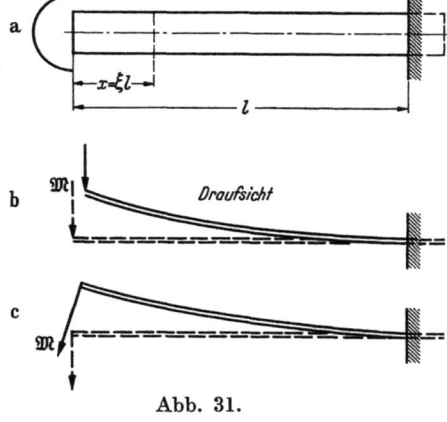

Abb. 31.

Wird hingegen angenommen, daß der Momentenvektor $\mathfrak{M}$, der vor dem Auskippen des Trägers waagerecht liegt und der Endquerschnittsebene des Trägers angehört, auch während des Auskippens waagerecht und in der Endquerschnittsebene gelegen bleibt (Abb. 31c), dann ist zwar an der Einspannstelle nach wie vor $\vartheta = M = Q = 0$ und daher $K_\mathrm{I} = K_\mathrm{II} = 0$, so daß (F 6) und (F 7) unverändert erhalten bleibt, doch nehmen die beiden Randbedingungen nunmehr die Form

(F 10) $$\begin{cases} \xi = 1, & \vartheta = 0 \\ \xi = 0, & M_D = 0, \quad \text{also} \quad \vartheta' = 0 \end{cases}$$

an. Setzen wir (F 7) in (F 10) ein, dann gelangen wir wieder zu zwei in $\overline{K}$ und $\overline{\overline{K}}$ linearen und homogenen Gleichungen, die nur dann eine von der trivialen Nullösung verschiedene Lösung besitzen, wenn ihre Koeffizientendeterminante

(F 11) $$\Delta_K = -k \cdot \cos k$$

verschwindet. Dies ist für

(F 12) $$k = \frac{n\pi}{2}, \quad \text{also} \quad \mathfrak{M}_k = \frac{n\pi}{2} \cdot \frac{\sqrt{BC}}{l}, \quad n = 1, 2, 3\ldots$$

tatsächlich der Fall, so daß hier Verzweigungsstellen des Gleichgewichts widerspruchsfrei zur Ausbildung gelangen[2].

Wird der Kragträger an seinem freien Ende durch eine lotrechte Einzellast P belastet, die in der Entfernung e oberhalb der Trägerachse angreift und ihre lotrechte Richtung auch während des Auskippens beibehält (Abb. 32a), dann kann ebenso wie früher ausgesagt werden, daß beim Übergang von der ebenen zur infinitesimal ausgekippten Gleichgewichtslage sowohl ϑ als auch M und Q an der Einspannstelle gleich Null bleibt, so daß $K_\mathrm{I} = K_\mathrm{II} = 0$ ist und die Differentialgleichung (F 5) in Geltung steht. Da $p = 0$ und $M_1 = -P \cdot x = -P \cdot l \cdot \xi$ ist, nimmt diese Differentialgleichung die Form

(F 13) $$\vartheta'' + \frac{C'}{C} \cdot \vartheta' + \frac{P^2 l^4}{BC} \xi^2 \vartheta = 0$$

an; ihre allgemeine Lösung weist zwei Integrationskonstante auf, zu deren Bestimmung zwei Randbedingungsgleichungen zur Verfügung stehen. Die erste von diesen Gleichungen

---

[1] Lorenz, H.: Technische Elastizitätslehre, S. 357. München u. Berlin 1913. — Federhofer, K.: Sitzsber. Akad. Wiss. Wien, IIa, Bd. 134, 1925, S. 94. — Weinhold, J.: Z. angew. Math. Mech. Bd. 17 (1937) S. 274.
[2] Föppl, A. u. L.: Drang und Zwang, Bd. 2, 2. Aufl., S. 332. München u. Berlin 1928.

Der Sonderfall $B_{Fl} = 0$ („flanschloser" Träger).

bringt zum Ausdruck, daß das Drillmoment am freien Trägerende die Größe $M_D|_{\xi=0} = -P \cdot e \cdot \vartheta|_{\xi=0}$ besitzt (vgl. dazu die Abb. 17c), und die zweite verlangt, daß der Drillwinkel an der Einspannstelle verschwindet; wenn wir (F 1) beachten, läßt sich für diese beiden Randbedingungen

(F 14)
$$\begin{cases} \xi = 0, \quad \vartheta' + \dfrac{P \cdot l}{C} e\,\vartheta = 0 \\ \xi = 1, \quad \vartheta = 0 \end{cases}$$

schreiben.

Dieses Kipp-Problem wurde für den Fall, daß P im Schwerpunkt des Endquerschnittes angreift und der Querschnitt ein Rechteck der Breite $b = $ const und der Höhe $h = h_1 \cdot \xi^n$, $0 \leq n \leq 1$, ist, von Federhofer[1] der Lösung zugeführt. Für die kleinste ideale Kipplast ergibt sich hierbei eine Beziehung der Form

(F 15)
$$\min P_k = k_1 \cdot \frac{\sqrt{B_{(1)} C_{(1)}}}{l^2},$$

in welcher $B_{(1)}$, $C_{(1)}$ die an der Stelle $\xi = 1$ vorhandenen Steifigkeiten B, C bedeuten und für k_1 die in der Zahlentafel 5 angeführten Werte Geltung besitzen. Ist die am freien Trägerende vorhandene Querschnittshöhe h_0 von Null verschieden und wächst diese Höhe mit zunehmendem ξ linear oder parabolisch bis zum Endwert h_1 an, dann wird in den Fällen $h_0 = \frac{3}{4} h_1$, $\frac{1}{2} h_1$, $\frac{1}{4} h_1$ der Reihe nach $k_1 \approx 3{,}72$, $3{,}41$, $2{,}98$ bzw. $k_1 \approx 3{,}99$, $3{,}77$, $3{,}54$ erhalten.

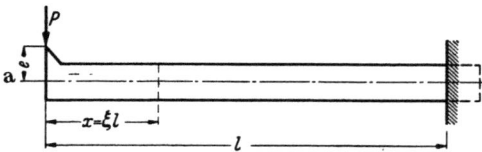

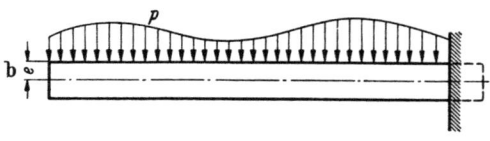

Abb. 32.

Zahlentafel 5.

$n =$	0	1/4	1/2	3/4	1
$k_1 =$	4,013	3,614	3,214	2,811	2,405
$k_2 =$	12,854	12,049	11,243	10,433	9,619
$k_3 =$	12,854	14,911	17,063	19,308	21,642
$k_4 =$	12,854	15,816	19,079	22,643	26,508

Ist der Trägerquerschnitt konstant und daher $B = $ const, $C = $ const und $C' = 0$, dann geht (F 13) in

(F 16)
$$\vartheta'' + \frac{P^2 l^4}{BC} \xi^2 \vartheta = 0$$

über. Diese Differentialgleichung wurde unter Beachtung der Randbedingungen (F 14) von Prandtl[2] integriert; für den Fall sehr kleiner Werte e/l ergab sich hierbei die Näherungsbeziehung

(F 17)
$$\min P_k = 4{,}0126 \frac{\sqrt{BC}}{l^2} \cdot \left(1 - 1{,}03 \frac{e}{l} \sqrt{\frac{B}{C}}\right),$$

während für den Grenzfall $e \to -\infty$ (Einzellast P unendlich tief unterhalb der Trägerachse angreifend)

(F 18)
$$\min P_k = 5{,}56 \frac{\sqrt{BC}}{l^2}$$

gefunden wurde; es ist dies der gleiche Wert, den wir für die kleinste Kipplast des untersuchten Kragträgers erhalten würden, wenn wir am freien Trägerende die Verdrillung gewaltsam verhindern würden. Die im Sonderfall $e = 0$ (Einzellast P im Schwerpunkt des Endquerschnittes angreifend) aus (F 17) gewonnene Beziehung

(F 19)
$$\min P_k = 4{,}0126 \frac{\sqrt{BC}}{l^2}$$

stellt die von Prandtl[2] und Michell[3] ermittelte „klassische" Lösung der Kipptheorie vor.

---
[1] Federhofer, K.: Verhandl. 3. Int. Kongr. Techn. Mech. in Stockholm 1930, Vol. 3, S. 66; Sitzgsber. Akad. Wiss. Wien, IIa, Bd. 140, 1931, S. 237.
[2] Prandtl, L.: Wie Fußnote 1, S. 12. — [3] Michell, A. G. M.: Wie Fußnote 2, S. 14.

Wird der Kragträger durch eine stetig verteilte lotrechte Belastung p belastet (Abb. 32b), deren Elementarlasten $p \cdot dx$ in der Entfernung e ober- oder unterhalb der Trägerachse angreifen und während des Auskippens lotrecht bleiben, dann muß die Differentialgleichung (F 5) — in der die Größen M_1, B, C, C', p und e stetige Funktionen von ξ vorstellen — unter Beachtung der Randbedingungen

(F 20)
$$\begin{cases} \xi = 0, & M_D = 0, \text{ also } \vartheta' = 0 \\ \xi = 1, & \vartheta = 0 \end{cases}$$

integriert werden. Diese Aufgabe ist für einen Träger, der eine in den Querschnittsschwerpunkten angreifende Gleichlast ($p = $const, $e = 0$) zu tragen hat und einen Rechteckquerschnitt der Breite $b = $const und der Höhe $h = h_1 \cdot \xi^n$, $0 \leq n \leq 1$, besitzt, von Federhofer[1] gelöst worden. Für die kleinste ideale Kippbelastung gilt hier die Beziehung

(F 21)
$$\min p_k = k_2 \cdot \frac{\sqrt{B_{(1)} C_{(1)}}}{l^3},$$

in welcher $B_{(1)}$, $C_{(1)}$ die an der Stelle $\xi = 1$ vorhandenen Steifigkeiten B, C bedeuten und für k_2 die in der Zahlentafel 5 angegebenen Werte einzusetzen sind. Stellt p die örtliche Intensität des Eigengewichtes dieses Kragträgers vor, gilt also nicht nur $h = h_1 \cdot \xi^n$ sondern auch $p = p_1 \cdot \xi^n$, dann ergibt sich für das kritische Gesamtgewicht des Trägers [1]

(F 22)
$$Q_k = k_3 \cdot \frac{\sqrt{B_{(1)} C_{(1)}}}{l^2},$$

wobei k_3 aus der Zahlentafel 5 entnommen werden kann. Besitzt der Träger einen konstanten Querschnitt ($B = $const, $C = $const, $C' = 0$) und hat er die in der Achse angreifende Querbelastung $p = p_1 \cdot \xi^n$, $0 \leq n \leq 1$, zu tragen, dann wird für den kleinsten kritischen Wert der gesamten Querlast der Ausdruck [1]

(F 23)
$$\min Q_k = k_4 \cdot \frac{\sqrt{BC}}{l^2}$$

erhalten, in den wir die in der Zahlentafel 5 angegebenen Beiwerte k_4 einzusetzen haben. Ist schließlich nicht nur der Trägerquerschnitt sondern auch die Intensität der Querlast konstant ($B = $const, $C = $const, $C' = 0$, $p = $const, $e = 0$), dann wird für $\min p_k$ der schon von Prandtl[2] und Michell[3] angegebenen Wert

(F 24)
$$\min p_k = 12{,}854 \frac{\sqrt{BC}}{l^3}$$

gewonnen.

Wirken auf den untersuchten Kragträger mehrere lotrechte Einzellasten ein, dann müssen wir uns den Träger an allen Lastangriffsorten durchschnitten denken und für jedes der so erhaltenen Trägerstücke die allgemeine Lösung der Differentialgleichung bestimmen. Die zur Festlegung der auftretenden Integrationskonstanten erforderlichen Randbedingungen haben hierbei, soweit sie sich auf diese Schnittstellen beziehen, den Charakter von „Stetigkeitsbedingungen". Der Fall zweier gleich großer Einzellasten (Abb. 32c) ist von Weinhold[4] mit Hilfe eines Iterationsverfahrens untersucht worden, das sich — da die maßgebende Differentialgleichung (F 5) bloß von zweiter Ordnung ist — als einfacher Sonderfall des im Abschnitt E geschilderten Iterationsverfahrens ergibt; für die kleinste Kipplast wurde hierbei der Wert

(F 25)
$$\min P_k = 3{,}43 \frac{\sqrt{BC}}{l^2}$$

gefunden.

§ 3. Der „flanschlose" Balken mit Gabellagerung.

Wir untersuchen einen einfachen Balken der Länge $L = 2l$, der an seinen beiden Enden in „Gabeln" (vgl. Abb. 2 und 16c) gelagert ist und eine lotrechte Belastung zu tragen hat. Setzen wir wieder voraus, daß diese Belastung ihre Wirkungsrichtung auch während des

---

[1] Federhofer, K.: Wie Fußnote 1, S. 60. — [2] Prandtl, L.: Wie Fußnote 1, S. 12.
[3] Michell, A. G. M.: Wie Fußnote 2, S. 14. — [4] Weinhold, J.: Z. angew. Math. Mech. Bd. 14 (1934) S. 379.

Der Sonderfall $B_{Fl} = 0$ („flanschloser" Träger).

Auskippens beibehält, dann ist ϑ, M und Q im infinitesimal ausgekippten Gleichgewichtszustand an beiden Trägerenden sicher gleich Null, so daß $K_I = K_{II} = 0$ wird und die vereinfachte Differentialgleichung (F 5) in Geltung steht.

Ist der Balken in seiner Mitte durch eine lotrechte, auch während des Auskippens lotrecht bleibende Einzellast P belastet, deren Angriffspunkt in der Entfernung e ober- oder unterhalb der Trägerachse gelegen ist (Abb. 33a), dann müssen wir — wie wir im Abschnitt D, § 2, dargelegt haben — die linke Balkenhälfte als „Träger der Länge l" auffassen. Die diesem „Träger" zugeordnete Differentialgleichung (F 5) nimmt wegen $M_1 = +\dfrac{P}{2} \cdot x = +\dfrac{Pl}{2}\xi$ und $p = 0$ die Form

(F 26) $$\vartheta'' + \frac{C'}{C}\vartheta' + \frac{P^2 l^4}{4BC}\xi^2 \vartheta = 0$$

an und besitzt eine allgemeine Lösung, die zwei Integrationskonstante aufweist. Von den zur Bestimmung dieser Konstanten dienenden Randbedingungsgleichungen fordert die erste das Verschwinden des Drillwinkels am Ort der „Gabel", während die zweite zum Ausdruck bringt, daß das Drillmoment M_D in der Balkenmitte mit Rücksicht auf die Symmetrie der Anordnung vom Wert $+\dfrac{P}{2} e \vartheta \big|_{\xi=1}$ auf den Wert $-\dfrac{P}{2} e \vartheta \big|_{\xi=1}$ springt und daher am rechten Ende unseres „Trägers" die Größe $M_D = +\dfrac{P}{2} e \vartheta \big|_{\xi=1}$ besitzt (vgl. dazu die für den Fall einer Einzellast $2P$ geltende Abb. 20b); mit Rücksicht auf (F 1) können wir daher für die beiden Randbedingungen

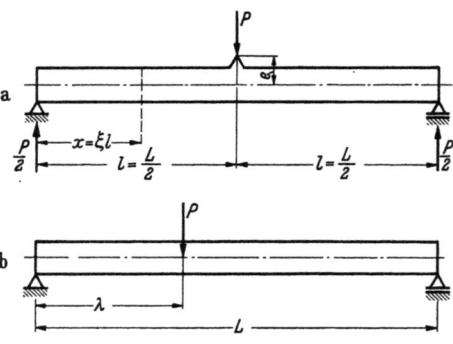

(F 27) $$\begin{cases} \xi = 0, & \vartheta = 0 \\ \xi = 1, & \vartheta' - \dfrac{Pl}{2C} e \vartheta = 0 \end{cases}$$

schreiben.

Für den Balken mit konstantem Querschnitt ($B = $ const, $C = $ const, $C' = 0$) ist dieses Kipp-Problem von Koroboff[1] untersucht worden, wobei sich für sehr kleine Werte e/L die Näherungsformel

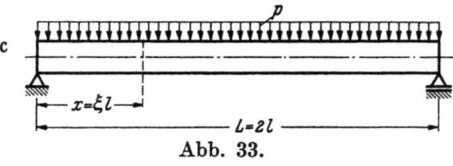
Abb. 33.

(F 28) $$\min P_k = 16{,}936 \frac{\sqrt{BC}}{L^2}\left(1 - 3{,}48 \frac{e}{L}\sqrt{\frac{B}{C}}\right)$$

ergab. Greift P im Schwerpunkt des Trägerquerschnittes an, ist also $e = 0$, dann wird für die kleinste Kipplast der schon von Prandtl[2] und Michell[3] abgeleitete Wert

F (29) $$\min P_k = 16{,}936 \frac{\sqrt{BC}}{L^2}$$

gefunden, der — wie Timoshenko[4] gezeigt hat — auf den Wert

(F 30) $$\min P_k = 26{,}64 \frac{\sqrt{BC}}{L^2}$$

anwächst, wenn der Balken an seinen beiden Enden an Stelle der Gabellagerung eine in waagerechter Richtung wirkende starre Einspannung erfährt. Greift P im Querschnittsschwerpunkt, aber nicht in der Balkenmitte, sondern in der Entfernung λ vom Gabellager an (Abb. 33b), dann gilt nach Koroboff[1] und Dinnik[5]

(F 31) $$\min P_k = k_5 \cdot \frac{\sqrt{BC}}{L^2},$$

wobei für k_5 die aus der Zahlentafel 6 zu entnehmenden Werte einzusetzen sind. Weist der Balken einen Rechteckquerschnitt auf, dessen Breite konstant ist und dessen Höhe von

---

[1] Koroboff, A.: Ber. Polytechn. Inst. Kiew, 1911. — [2] Prandtl, L.: Wie Fußnote 1, S. 12.
[3] Michell, A. G. M.: Wie Fußnote 2, S. 14. — [4] Timoshenko, S.: Wie Fußnote 2, S. 25.
[5] Dinnik, A.: Ber. Donischen Polytechn. Inst. Nowotscherkassk, 2, 1913.

Zahlentafel 6.

$\lambda/L =$	0,50	0,45	0,40	0,35	0,30	0,25	0,20	0,15	0,10	0,05
$k_5 =$	16,936	17,15	17,82	19,04	21,01	24,10	29,11	37,88	56,01	111,6

dem in der Balkenmitte vorhandenen Wert h_m nach beiden Seiten geradlinig bis auf den Betrag $\frac{3}{4} h_m$ oder $\frac{1}{2} h_m$ oder $\frac{1}{4} h_m$ absinkt, dann ergibt sich im Fall einer im Querschnittsschwerpunkt angreifenden Mittenlast P nach Federhofer[1]

$$\text{(F 32)} \qquad \min P_k = k_6 \cdot \frac{\sqrt{B_m C_m}}{L^2},$$

wobei $k_6 \approx 15{,}26$ bzw. $13{,}11$ bzw. $10{,}82$ beträgt; nimmt die Trägerhöhe nicht linear, sondern parabolisch ab, dann gilt sinngemäß $k_6 \approx 16{,}46$ bzw. $15{,}17$ bzw. $13{,}57$.

Hat der untersuchte, in Gabeln gelagerte Balken eine gleichmäßig verteilte Belastung zu tragen (Abb. 33c), deren Elementarlasten $p \cdot dx$ in der Entfernung e ober- oder unterhalb der Trägerachse angreifen, dann haben wir in die Differentialgleichung (F 5) für M_1 die Beziehung $M_1 = p\, l^2 \left(\xi - \frac{\xi^2}{2} \right)$ einzuführen und die Randbedingungen in der Form

$$\text{(F 33)} \qquad \begin{cases} \xi = 0, & \vartheta = 0 \\ \xi = 1, & M_D = 0, \quad \text{also} \quad \vartheta' = 0 \end{cases}$$

zu schreiben. Ist der Balkenquerschnitt konstant ($B = \text{const}$, $C = \text{const}$, $C' = 0$) und der Wert e/L sehr klein, dann darf die kleinste kritische Belastungsintensität nach Timoshenko[2] mit Hilfe der Beziehung

$$\text{(F 34)} \qquad \min p_k = 28{,}32 \frac{\sqrt{BC}}{L^3} \left(1 - 1{,}54 \frac{e}{L} \sqrt{\frac{B}{C}} \right)$$

berechnet werden, aus der sich im Sonderfall $e = 0$ (Gleichlast in der Trägerachse angreifend) der Wert

$$\text{(F 35)} \qquad \min p_k = 28{,}32 \frac{\sqrt{BC}}{L^3}$$

ergibt.

Abschließend sei noch vermerkt, daß auch das Kipp-Problem eines in seiner lotrechten Symmetrieebene kreisförmig gekrümmten Trägers unter der Voraussetzung eines konstanten, „flanschlosen" Querschnittes der Lösung zugeführt worden ist. Die erste Aufgabe dieser Art — die Kippung eines kreisförmigen, in Gabeln gelagerten und durch eine lotrechte Scheitellast belasteten Balkens — ist von Hencky[3] mit Hilfe des von ihm entwickelten „Verfahrens der elastischen Gelenkkette" untersucht worden. Federhofer[4] behandelte das Kipp-Problem eines kreisförmig gekrümmten Kragträgers, der durch eine lotrechte Endlast, eine lotrechte Gleichlast oder ein lotrechtes Endmoment belastet wird; Karas[5] zeigte die Anwendung der Energiemethode und des Gelenkkettenverfahrens bei der Lösung derartiger Probleme und untersuchte die von Hencky behandelte Aufgabe mit Hilfe einer von Federhofer[4] angegebenen Näherungsmethode.

---

[1] Federhofer, K.: Wie Fußnote 1, S. 60. — [2] Timoshenko, S.: Wie Fußnote 2, S. 25.
[3] Hencky, H.: Eisenbau Bd. 11 (1920) S. 437.
[4] Federhofer, K.: Bautechnik Bd. 2 (1924) S. 306; Sitzgsber. Akad. Wiss. Wien, IIa, Bd. 134 (1925) S. 81.
[5] Karas, K.: Festschr. Dtsch. Techn. Hochschule Brünn, 1924, S. 240; Mitt. Hauptver. Dtsch. Ing., Brünn, Bd. 13 (1924) S. 225; Bd. 14 (1925) S. 26; Bd. 16 (1927) S. 66.

MIX
Papier aus verantwortungsvollen Quellen
Paper from responsible sources
FSC® C105338

If you have any concerns about our products,
you can contact us on
ProductSafety@springernature.com

In case Publisher is established outside the EU,
the EU authorized representative is:
**Springer Nature Customer Service Center GmbH
Europaplatz 3, 69115 Heidelberg, Germany**

Printed by Libri Plureos GmbH
in Hamburg, Germany